Java 程序设计

主　编：张更路　李银锁
副主编：王志红　黄建军
　　　　王　奇　陈　争

中国原子能出版社

图书在版编目（CIP）数据

Java 程序设计 / 张更路，李银锁主编 . — 北京 ：
中国原子能出版社，2019.12 （2021.9 重印）
　　ISBN 978-7-5221-0436-2

　　Ⅰ . ① J… Ⅱ . ①张… ②李… Ⅲ . ① JAVA 语言－程序
设计 Ⅳ . ① TP312.8

中国版本图书馆 CIP 数据核字（2019）第 300759 号

Java 程序设计

出版发行：中国原子能出版社（北京市海淀区阜成路 43 号　　100048）
责任编辑：杨晓宇
责任印制：潘玉玲
装帧设计：点墨轩阁
印　　刷：三河市南阳印刷有限公司
经　　销：全国新华书店
开　　本：787 毫米 ×1092 毫米　1/16
印　　张：16.375
字　　数：330 千字
版　　次：2019 年 12 月第 1 版
印　　次：2021 年 9 月第 2 次印刷
标准书号：ISBN 978-7-5221-0436-2
定　　价：78.00 元

网　　址：http//www.aep.com.cn　　E-mail：atomep123@126.com
发行电话：010-68452845

作者简介

张更路，河北唐山人，教授，现任职于华北理工大学管理学院。近年来编写《VB 程序设计》等多部教材，参与多项省级课题研究，目前主要从事 C# 程序开发，研究生、本科生教学工作。

李银锁，河北唐山人，研究生，工程师，现任职于华北理工大学冀唐学院。近年来申请了多项软件著作权以及实用新型专利，在《电脑编程技巧与维护》等刊物发表多篇论文，参与多项省级课题研究，目前主要从事 C# 程序开发，一卡通系统管理工作。

前　言

Java 是原 Sun 公司（已被甲骨文公司收购）开发的计算机编程语言，拥有跨平台、面向对象、泛型编程的特性，广泛应用于 Web 应用开发和移动应用开发。

目前，学习 Java 已经成为一种时尚和潮流。各种各样的 Java 教材数不胜数，绝大部分无外乎以下四种类型：

1. 专业开发类

这类书籍主要面向专业开发人员，如实战类、J2EE 企业网站类、手机编程类等。

2. Java 大全类

这类书籍内容全面而具体，动辄五六百页甚至上千页，要全面理解和掌握任何一本书，没有一两年的功夫是不可能的。这些书仅适用于想成为 Java 专家的人员。

3. 实用教程类

这类书主要介绍一些简单的 Java 基础和一些基本的应用，初学者比较容易上手，作为 Java 入门类教材是不错的，但这类教材没有给读者以牢固的知识基础，这种教材虽然"浅易"，却不能为进一步学习更高深的 Java 专业开发知识或进入专业开发领域打下良好的基础。

4. 认证考试类

这类书籍的特点是面向 Java 基础，覆盖考试范围，也适于将来向高深发展，但很多都是考试辅导类教材，主要介绍要点、重点、难点，并不适于初学，更不适于自学。

总体而言，很难找到一本既满足考证和掌握 Java 基础知识的需要，又面向一般读者、通俗易懂、适于自学的书箱。很多教材都是知识点驱动，按照知识点进行教学，这样存在的问题就是学生自己课下能够看懂，上课可以听懂，但是自己动手编写应用程序却不知从何下手。

为了弥补以上教材的不足，满足教学和应用开发实践的要求，我们编写了《Java 程序设计》一书。本书是作者总结多年 Java 教学及开发经验的结晶，贯穿本书的思想就是应用驱动而非知识点驱动。本书不仅适合教学，也非常适合 Java 的各类培训。

本书语言通俗，示例典型，由浅入深组织内容，每一章节都经过多人推敲。在本书推出之前，已有多人在此书稿的指导下，先后顺利取得了 SUN 公司（现 Oracle 公司）的 Java 程序员证书，其中几名同学还参与了本书的编撰过程。

本书依照 Java 标准委员会考试大纲要求编写，但删除了考试中很少出现又难以理解的部分。全书共分 11 章，分别为初识 Java、语言基础、程序控制与数组、类的基本知识、按类编程进阶、Java 中的特殊类、窗口界面开发、多线程控制、网络编程、综合案例等。

本书会为您快速成为一名 Java 程序员甚至取得 Java 证书，在日后顺利找到工作以及更深入地学习 Java 打下坚实的知识基础。很显然，本书很适于做 IT 类本科生的语言类基础教材。

编　者

2019 年 6 月

目　录

第 1 章　初识 Java

1.1　Java 语言简介

1.1.1　Java 语言的产生过程

1991 年，美国的 Sun Microsystems 公司为了开发消费性电子产品，开始研制一个名为 Oak（一种橡树的名字）的程序设计软件，研制小组的领导人为 Games Gosling（詹姆斯·高斯林）。这种程序设计软件的目标是使用这种软件编写出的程序可以不依赖于任何机器类型，但这是一项前所未有的开创性工作，各种因素使得 Oak 在应用到消费性电子产品方面的进展十分缓慢。

1994 年下半年，Internet 开始迅猛发展，迫切需要大量不依赖于互联网上各种复杂软硬件环境的程序，以及开发这种程序的程序设计语言，这种需要让 Oak 看到了机会，促进了 Oak 语言研制的进展，由于当时这类语言极少，Oak 的出现，使得它很快成为 Internet 上受欢迎的开发与编程语言。

一开始，Oak 只是 Sun 公司内部使用的一种语言，但在 Sun 公司申请商标的时候，却没有能够通过商标的测试。在经过激烈讨论之后，正式命名为 Java。Java 是印度尼西亚的一个风景优美、盛产咖啡的小岛的名字，开发人员为这种新的语言起名为 Java，其寓意是要为世人端上一杯香浓的咖啡，这也正是 Java 徽标的寓意所在。

1995 年五月 Java 正式推出，同年，被美国的著名杂志 PC Magazine 评为"年度十大优秀科技产品"（计算机类就此一项入选），全世界为之轰动，连微软总裁比尔·盖茨也称之为"长时间以来最卓越的程序设计语言"。

Sun 公司倡导的 Java 语言以及 Java 运行机制得到了世界上各大著名计算机公司的大力支持。许多计算机国际大公司如 IBM、Microsoft、Apple、Netscape 等都看到了 Java 巨大的发展潜力和广阔的应用前景，纷纷加入了 Java 语言研发阵营。如 IBM 公司投资了 10 亿美元用以开展 Java 业务，并且还不断加大投入。现在，它已成为 Java 的最大受益者之一，每年在此方面的收入达几十亿美元。芯片霸主 Intel 公司也是 Java 阵营的主力，全球超过 85% 的大型企业正在用 Java 开发自己的信息系统，美国 80% 以上的高校已开设 Java 课程。现在 65% 以上的程序员在使用 Java 语言编程。

到现在为止，Java 已发展成为世界范围内应用最广、最流行的一门语言。

1.1.2　Java 语言的特点

1. Java 是移植性最好的语言

编程语言的种类数不胜数，其中，C、C++ 编写出的程序运行效率最高，Visual Basic 最容易学习，而 Java 则被认为是移植性最好的语言。

软件移植，和人体器官从一个人体移植到另一个人体内的道理一样。只不过要移植的是某个程序，移植的双方是不同的软硬件环境。一般来说，软件移植非常困难，有时甚至无法实现。比如用 VB 编写的一个程序，只能运行在 Windows 操作系统中，要想在 Linux 下运行可谓天方夜谭，但即使在 Windows 操作系统中，也存在版本不兼容的问题，比如，某个在 Windows98 中能够很好运行的 VB 程序，在 Windows2000/XP 中就会在某个步骤出错。

如果程序的可移植性差，其后果是十分严重的：

（1）应用范围小。一个移植性差的程序其应用范围会受到极大限制；比如，普通电脑上的程序不能用于苹果机上，电脑中的程序不能运行在手机上。

（2）程序的使用寿命短。程序运行的软硬环境不可能不变，一旦发生变化，哪怕是硬件性能的提高、操作系统的升级，都可能导致软件的大规模修改、甚至彻底抛弃旧有程序，重新开发。从软件的发展史上看，无数人员的时间和精力都浪费在了软件的移植问题上，而不是软件功能的开发上。程序的可移植性差给程序开发人员、软件公司、用户都带来了巨大的损失。

（3）程序的沟通能力差。移植性差的语言，要想编写出能够将电脑、手机、MP3、电视机、互联网等融为一体的程序几乎是不可能的。

同样的程序能够在不同软硬件环境中运行叫"跨平台"，目前来说 Java 在跨平台方面做得最好。Java 的最大特点是"一次编程，处处运行"（write once, run anywhere safely）。即当我们用 Java 设计出一个程序后，它可以不加修改地运行于任何机器种类（从巨型机到掌上电脑以及手机、MP3、家用电器等）、任何软件环境下（如各种版本的 Dos、Windows、Unix/Linux，Mac OS 等）。这极大地提高了软件的通用性和使用范围，大大降低了软件维护、升级、移植的成本。这种不依赖于特定软硬件环境的特性确实是软件行业的一个创举。Java 事实上成了开发语言中的"世界语"，也是一种最受欢迎、应用最广泛的语言。

2. Java 是一种简单的语言

Java 诞生时，世界上已有上千种不同的编程语言，当时最为流行的是 C++。Java 借用了 C++ 的语言形式，吸收了 C++ 大量的优秀特性，去除了 C++ 中难以理解和不安全的内容，大大降低了程序设计的复杂性和不稳定性，因此，有人认为 Java 是一种简化了的 C++ 语言。Java 的简单性使得我们在学习这一门语言时，感觉不到有什么难以跨越的学习障碍。很多人在初学时感到 Java 很难，我们认为，主要还是因为缺乏好的教材、好的教师。

虽然 Java 努力做到简单易学，但更强调先进的开发能力。Java 最突出的是它补充了许多现代网络编程所需的大量功能，在网络应用日益兴盛的今天，Java 已成为开发网络应用程序的首选语言，它使人很容易地编写出各种功能强大、运行稳定、安全性高的网络化、多线程、面向对象的应用程序。

因此，从编程难度上看，Java 是一种简单的语言；但从功能上说，它是一个很不简单的语言、功能强大的语言、博大精深的语言。要做一个功底深厚的 Java 工程师，需要长期的学习过程，并在实际开发中不断地加深对知识的理解。

除了上述两个最突出的特点，Java 还有许多优秀的特性。如：面向对象、分布式、解释、安全、稳定、高效能、动态、多线程等，这些特性将在以后做进一步的解释。

1.1.3　Java 的运行机制

面对现实世界各式各样的机器、花样繁多的软件系统，Java 之所以能够一次编程，随处运行而没有不兼容的问题，主要归功于 Java 的运行机制。

Java 技术中的一个核心技术叫 JVM（Java Virtual Machine），即 Java 虚拟机。它实际上是一个程序，一个能够将 Java 程序翻译为各种机器、各种系统上都能执行的"翻译"软件，能将一种语言"翻译"为各种平台上都能正确执行的机器指令。这种"翻译"软件就是 Java 虚拟机。

当然，担当"翻译"的并不是一个万国通，不同平台上配有不同的"翻译员"，即 Windows 上的 Java "翻译员"和 Linux 上的肯定不同，手机上的和航天器上的肯定不同。但只要某种系统提供"翻译员"，Java 程序就可以在这种系统中运行。

全世界有各种各样的硬件、软件系统，可用的"翻译员"从哪来呢，大致过程是 Sun 公司握有 Java 的专利权，从而具有 Java 标准制定权。在某个公司的某个设备或软件要具备支持 Java 功能前，它先要向 SUN 公司购买 Java 使用许可证。其设计的"翻译员"也要经过 SUN 公司的检验。如不遵从 Java 标准，SUN 就会依法收回许可证，甚至将不遵守标准的违约方告上法庭。

微软公司在购买了 Java 许可证后，开发了 Visual J++，但这一产品严重违反了 Java 标准，最不能容忍的是它破坏了 Java 的跨平台原则，在多次劝告无效后，SUN 公司和微软打起了官司，最终迫使微软放弃了这一软件。

有 SUN 公司坚持 Java 标准高度统一的正确战略，以及全世界力量的持久推动，Java 的虚拟机技术早已不是一种理论，Java 应用已深入到了网络、移动通讯设备、各种智能卡、甚至实时控制等各个领域。

Java 程序编写之后，并不是直接交给 JVM 逐句执行，而是先将纯文本方式的程序编译（compile）为一种字节码（Byte Code）文件。有了字节码文件，软件设计人员的劳动成果即能得到一定程度的保护。这种字节码文件可以在任何有 JVM 的设备上运行。

Java 程序运行时，要将字节码程序逐句翻译为某种机器上可执行的机器语言。边翻译

边执行。相对于一次将一个整个程序变为机器语言而言，这种形式叫解释。即 Java 是一种解释性语言。

由字节码翻译成一台设备能执行的命令需要时间，况且"即时翻译"也不见得"翻译"得十分得体，不见得能够充分发挥特定硬件的高性能。这种"字节码文件 +JVM"、边解释边执行的工作方式，就是导致 Java 程序运行速度比较慢的原因。鱼和熊掌不能兼得，要想处处可以运行、移植性好，就不得不放弃性能上的追求。好在目前各种硬件性能足以让用户感觉不到 Java 程序太慢。而且，在某些对速度要求较高的情况下，Java 还能够"特事特办"，能够提供一种"提速"措施，即针对某种特殊硬件，先将字节码整个编译成和机器性能相适应的指令集，再执行。这样做会使执行速度几倍甚至几十倍的提升。

1.1.4 Java 的未来

有些语言生命期很短，这会导致软件开发人员多年苦心钻研的开发技术付诸东流。事实上，很多人已饱尝这种变化带来的巨大痛苦。

Java 不同，由于其天生的语言优势、巨大的应用前景，使世界上无以计数的公司和人员早已形成了一种势不可挡的力量。Java 不可能在很短的时间内突然消失。长期以来，社会对 Java 开发人员需求十分旺盛，Java 开发市场也越来越大。可以乐观地估计，Java 语言至少在未来 10 年内前景非常光明。掌握 Java 的人自然会在这种 Java 发展大潮中快乐地分享由此带来的丰硕的果实。

即使单从网络方面看，Java 正在逐步成为 Internet 应用的主要开发语言，所以作为 Internet 应用的开发技术人员不可不学 Java。

事实上，Java 现在已经渗透到了我们工作和生活的许多方面，再过几年，我们会发现，用"Java 无处不在"这句话形容它的威力可能是再恰当不过了。到那时，一个不会 Java 的信息产业人员可能是相当痛苦的。因此，及早动手，掌握这一软件行业的世界语非常必要。一旦融入了 Java 世界，就等于拿到了开启软件行业的金钥匙。

1.1.5 Java 的构成

Java 基本系统的专业术语为 Java 平台。

Java 从 1.0 到 1.5 有多种版本，从 1.2 版以后 Java 的功能较以前版本有了大的飞跃，因此，Java1.2 版以后的各种版本统称为 Java2。

其中 1.2 版于 1998 年 12 月发布，1.3 版于 2000 年 5 月发布，1.4 版于 2002 年 2 月发布。目前的最高版本于 2004 年 9 月发布，其产品代号为 Tiger（老虎），版本号为 5.0。每一版推出后，经局部修改，还有相应的更细的版本号。

为了方便开发者，从 Java1.2 开始，每一种版本又分为三种：

标准版（J2SE——Java 2 Standard Edition）适用于开发个人机一般应用程序。

迷你版（J2ME——Java 2 Micro Edition），主要用于开发消费电子设备程序，如手机、MP3、数字电视机机顶盒、各种智能卡、医疗设备、防盗装置等。

企业版（J2EE——Java 2 Enterprise Edition）面向服务器开发，在标准版之上增强了企业级服务需求开发的功能。

再后来，随着智能卡的越来越普及，SUN 公司又增加了第四种版本和 Java Card（见图 1.1）。

SUN 公司将 Java 分成四种版本，只是为了更适用于不同开发者，各有侧重而已。不管开发人员要开发什么平台的 Java 应用程序，都要从 J2SE 学起，它是所有版本的基础。本书作为 Java 的基础教材，主要基于 J2SE5.0，介绍 Java 开发基础知识、基本技能。

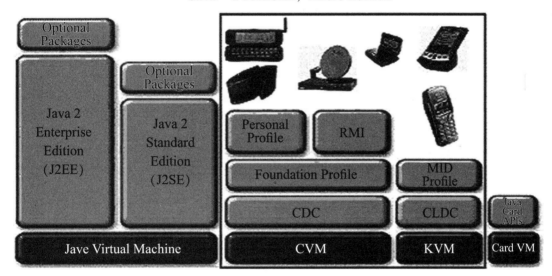

图 1.1　Java 平台细划图

1.1.6　Java 的版本号

一般将现行版本称为 Java1.5，但也有人称之为 Java5.0。到底应该如何称呼这一版本呢？从 SUN 公司的一个网页中，我们可以得到合理的解释（见图 1.2）。

Both version numbers "1.5.0" and "5.0" are used to identify this release of the Java 2 Platform Standard Edition. Version "5.0" is the product version, while "1.5.0" is the developer version. The number "5.0" is used to better reflect the level of maturity, stability, scalability and security of the J2SE.

（详见 SUN 公司网页 http://java.sun.com/j2se/1.5.0/docs/relnotes/version-5.0.html）。

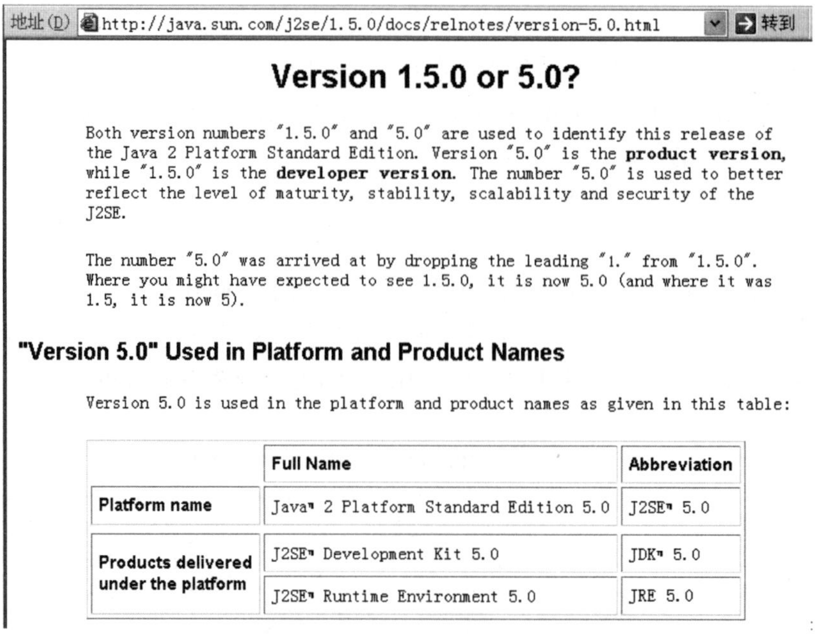

图 1.2　SUN 公司的版本说明网页

由上可见，SUN 公司更希望人们将这一产品称之为"Java5.0 标准版"。

从本网页的附表中，我们还可以了解到，Java 基本系统包括两部分：

（1）JDK5.0（Java Development Kit），即 Java 开发工具包 5.0。

（2）JRE5.0（Java Runtime Environment），即 Java 运行环境 5.0。

Java 的版本号从 1.4 跳到 5.0，这反映出 SUN 公司希望 Java 大步向前的心声。由此我们会联想到微软 Windows 在每次跨越时的版本号变革，"Windows 3.1 to Windows 95: 91.9 version numbers skipped"。可见版本号大变动在软件领域并不是什么令人吃惊的事。

目前，绝大部分开发软件都不支持 64 位系统，即开发出的程序无法在 64 位操作系统上运行。Java5.0 最大的改进之处是它率先提供了对 64 位软件开发的支持。随着 64 位处理器和操作系统的出现并不断普及，64 位应用软件的需求将不断增长。Java5.0 的推出，在当前看来是一个加快发展的机遇，长远上看，无疑为我们的未来的提供了广阔的发展空间。

1.1.7　Java 开发工具

Java 语言和其他语言不一样，虽然它的专利权在 SUN 公司手中，但一个公认的说法是"Java 是属于世界的"——全世界的人在使用它、全世界的人在为它做着各种各样的努力。比如在 Java 开发工具方面，就有很多公司开发出了很多种 Java 开发工具。

所谓 Java 开发工具，就是在 SUN 公司提供的 Java 开发核心的基础上，为 Java 编程人员提供的辅助开发软件。

Java 的开发工具可以分为两类。

1. 简单的开发环境

主要有两种：

（1）最简单的开发环境：在安装了 SUN 公司提供的 Java 基本开发系统后，使用如"记事本""写字板"等文本编辑类软件编写 Java 程序。在这种开发条件下，所写的 Java 程序可谓 100% 纯手工打造。

（2）使用具有较高智能性的文本编辑软件编写。类似软件有 Ultra Edit、Kawa、SourceInsight、Text Pad 等。这类软件能够提供一些辅助功能，比如可以同时打开和修改几个程序文件；用不同颜色标志程序语句中的不同内容，使程序员能根据颜色很快发现和修正错误；自动缩进功能方便程序的编写等。总之，这类文本编辑软件能在某些方面为程序员提供一些方便。

分析：

以上两种编程方式很"古老"：程序语句完全靠手工编写，编写完毕需要手工编译，编译好的程序要手工启动运行。总之，各项工作完全由程序员自己一手完成。

据传许多 Java 大师都是在这种方式下工作的。主要是由于这种方式虽然很"古老"，但也有其有利的一面。如对软硬件系统的配置要求低；程序的任何部分完全是由程序员编制的，因此，程序员能够完全清楚程序的任何细节；由于没有一句程序是自动生成的，因此，程序的可读性好、运行效率高。

理论上说，初学者如果使用这种开发环境，会更好地理解 Java 的设计过程和设计思路，从而为使用高级软件开发奠定深厚、牢固的知识基础和技术基础。因此，绝大部分的基础教材都是基于此种环境的。但在这种开发环境下学习，就如同婴儿刚学走路时，即将其引向布满荆棘的羊肠小道。学习难度太大、学习效率十分低，学生面对重重困难，学习兴趣往往中途就丧失殆尽。就如同网上评价的那样，"用这种方式喝过咖啡的人，没有一个不是饱尝苦涩的"。

2. 集成开发环境

真正进行程序开发时，基本上没有人使用简单的开发环境。从总体上看，简单开发环境仅适合于 Java 高手。要赶路，最好是乘车。要完成实用的具有较复杂功能的开发项目，最好使用具备各种集成功能的 Java 专业开发软件。

常见的集成开发软件有以下几种：

（1）NetBeans。

NetBeans 是 Sun Microsystems 与 NetBeans 社团推出的基于 Java 技术的开源集成开发环境，使用 Java 编程语言编写，具有很好的可移植性。NetBeans IDE 集成了程序员开发桌面、Web、企业级、以及移动应用所需要的一切软件资源。其强大的功能，可以帮助开发人员编写、编译、调试和部署 Java 程序，并将版本控制和 XML 编辑等众多功能融入其中。现在是开发 Java 大型项目的首选工具之一。

（2）Eclipse。

Eclipse 拥有最大用户群，而且它的用户还在以惊人的速度增长。它是一种完全免费

的开源软件（软件本身的源代码也是公开的），在这一开源社区，聚集着大批世界高手，为其发展作着无私的奉献，IBM 等一大批行业巨人也给予了巨大的支持。而今，它有优秀的大型项目管理功能、良好的扩展功能，此外还有智能纠错功能、智能提示功能等。现也已成为开发 Java 大型项目的首选工具之一。

（3）JBuilder。

Jbuilder 是著名的 Inprise 公司（原名为 Borland）研制的集成开发工具。它安装简单，支持可视化设计，集编写、编译、调试、运行为一体。这一软件不仅是一个高级开发工具，它同时还包含了 Java 基本系统和网络服务软件 Tomcat，而许多其他集成软件如 Eclipse，这两部分是需要用户自己安装的。Jbuilder 自诞生以来，一直很受广大程序员喜爱，尤其是过去的 VB、Delphi、PowerBuilder 等老程序员。但此套软件对硬件配置的要求相对较高，而且国内售价惊人。

以上两种著名大型软件非常优秀，但仅适用于大型软件开发，如果用它们做一些简单的小程序练习，则相当于用大炮打蚊子，太慢、太笨重、太烦琐。

（4）JCreater。

JCreater LE 版允许用户免费下载、安装与使用。其最大特点是十分小巧，安装文件不到 4M。它安装简单、使用灵活、辅助开发功能也很强，很适合初学者上机训练。深受广大 Java 开发人员和网上论坛的好评，很适于小型软件项目开发。其专业版允许用户在一台机器上有一个月的免费使用期限。

（5）其他。

除了上述开发工具外，较著名的开发软件还有 Sun 公司的 Java Studio、Oracle 公司的 Jdeveloper、BEA 公司的 WebLogic Workshop 、IBM 公司的 Visual Age 等。

以上这些开发工具实际上是给我们开发程序提供了一个友好的操作界面以及各种辅助功能，但它们是建立在 Java 基本系统之上的，即它们相当于代理，代替我们指挥 Java 基本系统，不安装 Java 基本系统，这类软件是无法运行的。

值得注意的是微软公司也推出了一套 Java 集成开发软件 Visual J++，但用它开发出的 Java 程序并非标准的 Java 程序，这种程序只能运行在微软系列的软件平台上。微软现已放弃了对 J++ 的支持，转而集中力量研发和 Java 有很多相似之处的名为 C＃的编程软件。

基于上述分析，本书选用 JCreator 作为编写、调试程序工具，而不再采用绝大部分基础教材所采用的记事本或 UltraEdit 文本编辑软件。

1.2　Java 开发环境的安装与设置

要开发 Java 程序，首先需要在练习的机器上安装 Java 开发运行环境。如果不安装 JBuilder 类的集成开发软件，就需要分别安装以下几种软件：

（1）Java 基本系统。即 J2SE5.0。

（2）Java 帮助文档。

（3）Java 开发工具。如 JCreator3.5。

（4）网络服务器软件。如果要用 Java 编写动态页，还需要安装网络服务器软件，如 Tomcat5.5。

以上所列具体软件都可以在网上免费下载得到。为了方便读者，本书所配光盘中包含上述四种软件。

1.2.1　安装 Java 基本系统

个别开发软件如 JBuilder 自带 Java 基本系统，不需要单独安装。但一般而言，要在一台电脑上编写 Java 程序，必须先安装 Java 基本系统。

Java 基本系统缩写为 JDK（Java Software Development Kit），也叫 J2SDK。JDK1.5 版软件的大小约为 57MB。

可以使用本书所带光盘内所附的安装文件。也可以到 SUN 公司网站的下载页（http://cn.sun.com/download）免费下载最新版本的 JDK（很多中文网站如华军软件园、天空软件站也提供高速免费下载）。本书所附的安装文件是从上述网址中下载得到的，文件名为 jdk-1_5_0_04-windows-i586-p.exe。

需要说明的是，目前 Java 已推出了更高版本，但实际上，无论作为学习还是用于开发，安装 1.4 版已足够了。从 1.4 版开始，Java 的各版本对于一般人而言，区别很小。

JDK1.5 安装步骤如下：

（1）开始安装。双击光盘中（或下载的）安装文件，屏幕中央出现 J2SE SDK5.0 版本声明，并开始了安装前的准备工作（见图 1.3）。

图 1.3　开始安装画面

（2）接受协议。软件自动准备安装完毕，屏幕出现第二个画面，询问是否接受软件使用协议（见图 1.4）。选中"我接受……"选项，之后再单击"下一步"按钮，才能继续安装。

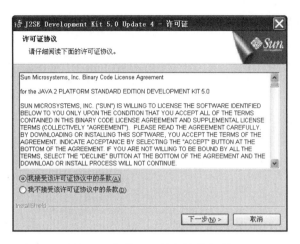

图 1.4　声明 Java 使用协议画面

（3）设置安装选项。第三个画面为"自定义安装"画面（见图 1.5）。它包括两项内容：一是安装内容，默认全部安装；二是确定安装位置。这些选项一般不需要修改。单击"下一步"即开始向计算机内安装基本系统。

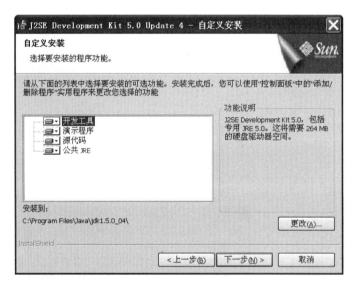

图 1.5　Java 安装选项画面

（4）安装 JRE。系统安装完毕，还会出现一个是否要安装 JRE（J2SE Runtime Environment，Java 程序运行环境）的提示（见图 1.6）。JRE 即运行 Java 程序所必备的软件系统，可以单独下载安装，但 JDK 中已经包含了 JRE，我们在安装了 JDK 后，就没有必要再单独下载和安装 JRE 了。

但是，如果一台机器上只是想运行一个 Java 程序，而不用于开发 Java 程序，则只需从网上下载 JRE 并安装到机器中即可。

对于本选项窗口，一般情况下，只需单击"下一步"按钮，即可将所有 JRE 文件安装到默认的文件夹内。

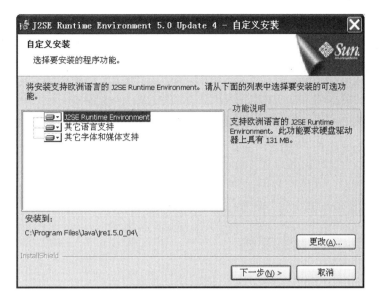

图 1.6　确认安装 JRE 画面

（5）安装浏览器插件。在接下来的安装窗口中，提示是否安装浏览器插件，有了最新 Java 插件，浏览器会更好地运行网页中的 Java 程序。单击"下一步"，开始默认安装。

（6）完成安装。最后安装程序出现"安装完成"提示，单击"完成"按钮，屏幕可能会出现提示"安装完成后需要重新启动系统"，单击"是"按钮，计算机自动重启。J2SE 安装过程结束。

1.2.2　JDK 与 JRE 的关系

JRE 是运行 Java 程序所需的软件。JDK 是个多功能软件集，其中包含简单的 Java 程序开发软件、java 程序调试软件、Java 运行软件（JRE）等。因此 JDK 又称为 Java 开发工具包。

1.2.3　测试 Java

测试 Java 是否安装成功的方法如下：

（1）如果是 Windows98，则从"开始"菜单中的"程序"中找到"MS-DOS 方式"菜单项；如果是 WinNT/Win2000/WinXP，则可以从"开始"—"程序"—"附件"中找到名为"命令提示符"的菜单项。

（2）单击此菜单项进入 DOS 方式。

（3）在闪烁的光标处输入 java -version 命令并回车（见图 1.7）。注意：命令词 java 和后面的参数之间必须有空格，后面的参数是以一个横杠开始的，不是下划线。不同的 Windows 系统，"＞"前面的文字会有所不同。

```
C:\WINDOWS\system32\cmd.exe

C:\>java -version
java version "1.5.0_04"
Java(TM) 2 Runtime Environment, Standard Edition (build 1.5.0_04-b05)
Java HotSpot(TM) Client VM (build 1.5.0_04-b05, mixed mode, sharing)

C:\>
```

图 1.7   java_home 系统变量设置对话框

如果能够出现图 1.7 中所示的三行文字，则表示 Java 安装正常。从三行文字中，我们可以知道所安装的 Java 版本号、JRE 版本号、JVM 版本号。

1.2.4   安装 Java 帮助文档

Java 开发相关知识博大精深，真正 Java 项目开发过程中，Java 帮助文档为解决开发过程中的疑难问题提供了快速准确的查询方法和详细的解释。因此，一般在 Java 基本系统安装完成后，下一步的任务就是安装 Java 的帮助系统。

Java 帮助文档大小约 45 MB，由文档大小可以看出其中所含内容之丰富。可以使用本书所带光盘内所附的安装文件。也可以到 Sun 公司网站的下载页免费下载和所使用的 JDK 配套的帮助文档。本书所附的文档文件是从上述网址中下载得到的，文件名为 jdk-1_5_0-doc.zip。

安装步骤如下：

（1）确认能够安装。下载的 JDK 帮助文档为压缩格式的文件，需要计算机内装有 WinZip 或 WinRAR 解压软件，或系统为 WindowsXP 及以上操作系统。有了这些软件环境，就可以双击安装文件打开压缩包，并且能看到包内名为 DOCS 的文件夹（见图 1.8）。

图 1.8   WinRAR 窗口内的帮助文档压缩包

（如果是 WindowsXP，且系统中没有 WinZip 或 WinRAR 解压软件，则可以右击 docs 文件夹，在弹出的菜单中选择"复制"）

（2）了解安装位置。Java 的帮助文档一般安装到同一版本 JDK 的安装目录下，即上一小节的 JDK 安装的位置（本书所讲 JDK 的默认安装目录为 C:\Program Files\Java\jdk1.5.0_04）。

（3）选中 DOCS 文件夹，单击工具栏的"解压到"按钮，弹出一个对话框（见图 1.9），在其右侧，找到 JDK 默认的安装目录。

（如果是 WindowsXP，且系统中没有 WinZip 或 WinRAR 解压软件，则可以打开"我的电脑"，找到 JDK 默认的安装目录。然后通过鼠标右键粘贴文件夹内即可）

图 1.9　解压路径选择对话框

（4）单击"确定"按钮，开始解压缩包，直到结束，完成安装。

1.2.5　安装 Java 开发工具

本书前面已通过分析比较，决定安装 JCreator 软件，JCreator 软件的最新版本是 3.5。

可以使用本书所带光盘内所附的安装文件。也可以到 Xinox Software 公司网站的下载页免费下载最新版本 JCreator（见图 1.10）。网上提供了两种版本，一个是 Pro 版（Professional 专业版），属于共享软件，只允许在一台电脑上免费使用一个月，之后就需要注册才能使用。另一个是 LE 版（Lite Edition 简装版），是完全免费的，但不集成某些高级开发辅助功能。

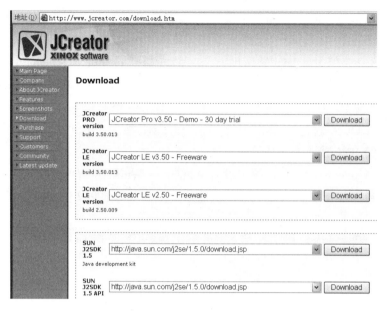

图 1.10　提供 JCreator 下载的官方网页

　　本书所附的安装文件是从上述网址中下载得到的，文件名为 jcpro350.zip，盘内同时给出了已解压的安装文件。

　　安装步骤如下：

　　（1）确认能够安装。下载的 JCreator 安装文件为压缩格式的文件，需要计算机内安装了 WinZip 或 WinRAR 解压软件，或系统为 WindowsXP 及以上操作系统。有了这些软件环境，就可以双击安装文件打开压缩包，并且能看到包内包含一个安装程序文件"Setup. exe"和一个辅助安装文件"file_id.diz"。

　　（2）开始安装。双击 Setup.exe，软件开始安装。屏幕中央出现英文"Welcome…"画面，单击"Next"按钮，屏幕出现第二个画面，询问为是否接受软件使用协议（见图 1.11）。选中"I accept the agreement"选项，之后再单击"下一步"按钮，才能继续安装。

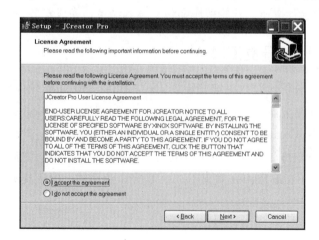

图 1.11　Jcreator 使用协议声明画面

（3）选择安装文件夹。单击"下一步"按钮，屏幕出现请选择要安装到的文件夹窗口（Select Destination Location），使用其默认值即可。单击"next"按钮，屏幕会出现图 1.12所示画面，要求创建此文件夹，单击"是"按钮继续安装。

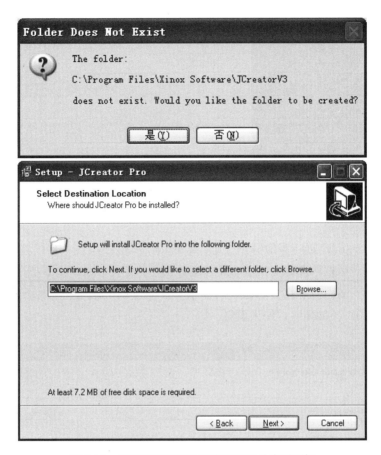

图 1.12　选择安装路径和要求新建文件夹对话框

（4）其他安装选项。总是单击"next"按钮，会出现软件安装位置选项窗口（Select Destination Location）、安装 Windows 菜单的名称选项窗口（Select Start Menu Folder）、准备安装窗口（Ready to Install）。这些安装选项一般不做修改。单击"准备安装窗口"上的"Install"按钮，结束选择，开始安装。

（5）结束安装。安装完毕，屏幕会出现结束安装（Completing...）对话框（见图 1.13），对话框内有一选项，询问安装结束后，是否启动 JCreator（Launch JCreator Pro）默认"是"。一般直接单击"Finish"按钮，允许立即启动 JCreator。

图 1.13　结束安装对话框

（6）设置JCreator。这一步应特别注意。JCreator 启动后，出现一个设置对话框（Jcreator Setup Wizard），对话框的左侧有三项，其含义分别是：有关 Java 文件是否用 JCreator 编辑、JDK 在本机上的安装位置、JDK 帮助文件位置等。请分别单击这三项（不要修改每项的默认值），然后单击"Finish"，结束设置。

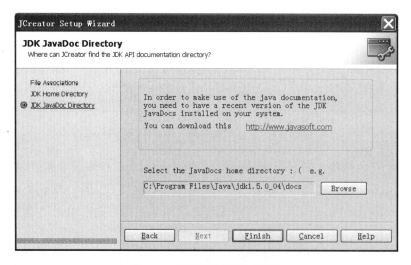

图 1.14　设置安装选项对话框

（7）关闭"日积月累"对话框。设置结束后，屏幕弹出一个"日积月累"（Show tips on start）对话框（见图1.15）。对话框内有一选项，默认每次启动 JCreator 都出现此对话框，如果不想每次启动都见到这个提示窗口，可去掉这一选项，然后单击"Close"。

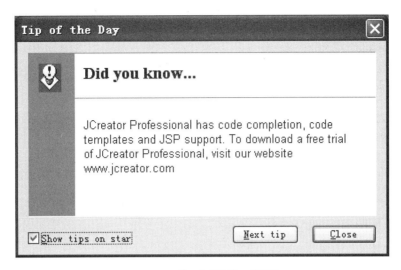

图 1.15 "日积月累"对话框

（8）准备编写程序。安装设置完毕，JCreator 呈现图 1.16 所示的外观。整个 JCreator 安装过程结束。

图 1.16 所示的界面就是我们编程的主要界面。JCreator 左侧的两个窗口的功能在学习期间用不到，可以将其关闭，使得编程界面更简单。底部的 5 个重叠窗口是信息提示窗口，一定不要将其关闭（如果真的关闭了，可以从 JCreator 的 View→Other Windows 菜单项中逐个将它们重新调出）。

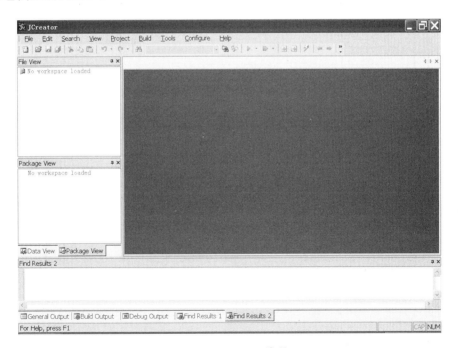

图 1.16 JCreator 外观

1.2.6 安装 Java 网络服务支持系统

Java 目前编写最多的是网络服务器上运行的程序，为了练习这方面的内容，需要安装
Java 的网络服务支持系统。安装完毕，我们就可以在网络的其他机器上访问在此台机器上
编写运行的 Java 网络服务程序了。当然，作为练习，主要是自己访问自己。

Java 网络服务支持系统很多，如 WebLogic、Tomcat、Jboss、Resin 等。其中，Tomcat
是由 Java 志愿者维护的免费的和源代码开放的网络服务支持软件。它也是 Sun 公司官方
推荐的网络服务支持程序，曾获美国 JavaWorld 杂志 2001 年度最具创新性产品奖。目前
的最高版本是 5.5，安装程序大小约 5MB。

可以使用本书所带光盘内所附的安装文件。也可以到 Apache 软件基金会所建网站的
下载页免费下载最新版本 Tomcat。本书所附的安装文件是从上述网址中下载到的，文件
名为 jakarta-tomcat-5.5.9.exe。

注意：在安装运行 Tomcat 之前，必须先安装 Java 基本系统。

Tomcat 安装步骤如下：

（1）启动安装程序。双击下载的或本书光盘中的安装程序，软件出现欢迎画面，准
备安装 Tomcat。

（2）同意协议。单击欢迎画面中的"Next"按钮，出现第二个安装画面，询问是否
接受软件使用约定（见图 1.17）。单击"I Agree"按钮后才能继续。

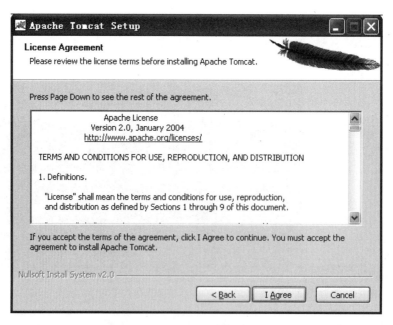

图 1.17 声明 Tomcat 使用协议画面

（3）选择安装内容。在第三个画面中（见图 1.18），一般会将 Custom 选项改为 Full
（全部安装）再单击画面中的"Next"按钮继续。

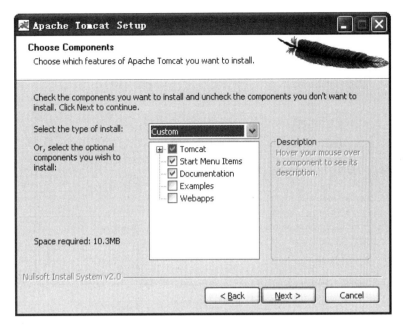

图 1.18　Tomcat 安装项选择画面

（4）选择安装位置。第四个画面主要供用户选择 Tomcat 的安装位置，Tomcat 默认的安装文件夹是 C:\Program Files\Apache Software Foundation\Tomcat 5.5（见图 1.19）。一般不做修改，只需记住其默认位置，之后单击"Next"按钮。

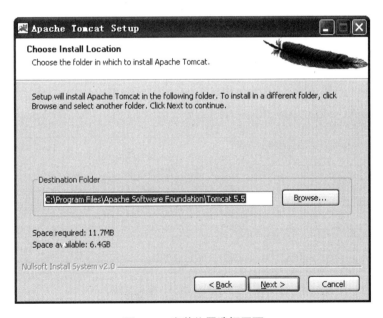

图 1.19　安装位置选择画面

（5）设置服务器端口和登录名、登录密码。作为练习，可以使用安装默认的端口 8080，用户名为 admin，密码为空（见图 1.20）。设置完毕，单击"Next"按钮。

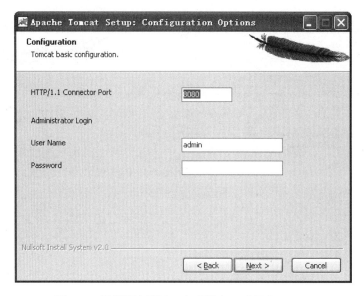

图 1.20　设置服务器端口和登录名、登录密码画面

（6）设置 JRE 位置。Tomcat 安装程序能够自动找到 JRE 的安装位置（见图 1.21）。因此，在这一窗口中，一定不要修改其默认位置，除非确信默认位置不正确。设置完毕，单击"Next"按钮。

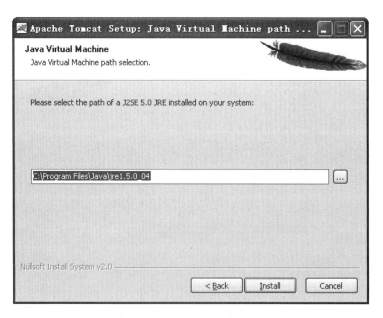

图 1.21　设置 JRE 位置画面

（7）结束安装。最后屏幕弹出结束安装窗口（见图 1.22）。在窗口中，有两个选项，一个是立即运行 Tomcat，另一个是请用户阅读说明书。为了保证安装正常，不必改变窗口中的两个选项，直接单击"Finish"即可。

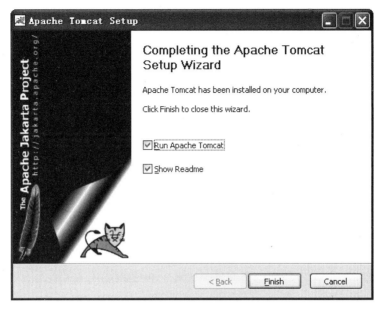

图 1.22 结束安装窗口

（8）允许网络服务。如果计算机安装有防火墙，则在单击"Finish"之后，Tomcat 自动启动时，屏幕会弹出一个对话框（见图 1.23），询问是否允许 Tomcat 做网络服务工作。请选中对话框内的"以后都…"选项，然后单击"允许"按钮。

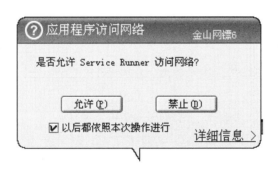

图 1.23 防火墙弹出的是否允许 Tomcat 访问网络对话框

（9）验证安装的正确性。如果安装完毕，Windows 任务栏的左侧（一般在屏幕右下角）出现一个 Tomcat 正常运行的图标，表示 Tomcat 已在工作。启动 IE 浏览器，然后输入地址：http://127.0.0.1:8080。

访问这个地址和去火车站的某号窗口买票一样。127.0.0.1 是所有电脑自身的 IP 地址，即要访问的服务器就是自己所用的电脑。8080 为端口号，相当于一个售票窗口号。

如果能够看到图 1.24 所示的网页，则表示 Tomcat 工作正常。

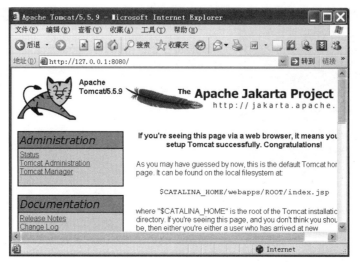

图 1.24　Tomcat 正常工作时的网页

1.3　第一个 Java 程序

学习 Java 编程要从最基本的语法和程序结构学起，为此，我们在设置完成所有设计环境后，看一个最简单的程序。

1.3.1　编写程序

例 1.1　编写一个能显示一行文字"This is a test"的 Java 程序。

编写步骤如下：

（1）从 Windows 开始菜单中，找到并启动 JCreatorPro。

（2）单击 JCreator 工具栏最左侧的新建按钮 ，屏幕弹出要创建文件的类型选择对话框（见图 1.25），默认是 Java 文件，因此，只需单击"Next"按钮即可。

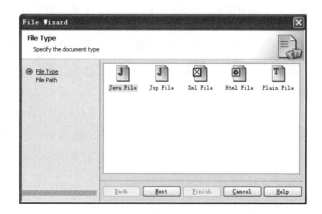

图 1.25　文件类型选择对话框

（3）在弹出的对话框的 Name 框中（见图 1.26），输入要新建的程序文件名 Test。请注意文件名 Test 的大小写。如果不给出文件的扩展名，则 JCreator 会自动为文件加上扩展名 ".java"。

另外，为自己以后练习方便，一般不会将要编写的程序保存在 C:\，因此，可以在本对话框内，单击 ... 按钮，另选保存位置。比如在 D 盘建立一个专用文件夹。

图 1.26　文件路径对话框

（4）在程序输入区输入图 1.27 所示的程序。注意：第一次使用 JCreator 录入程序时，有时会碰到一种类似 "死机" 的现象，按键盘之后，等待很长一段时间才有反应。其实 JCreator 并不会 "发呆"，而是正在暗中忙于启动某些自动功能。而且，要保证第一次程序书写正确，还要先阅读下一小节。

```
Test.java
1  class Test
2  {
3      public static void   main( String args[] )
4      {
5          System.out.println("This is a test");
6      }
7  }
```

图 1.27　MyTest.java 程序

1.3.2　编写程序注意事项

在录入程序前，请注意以下几点：

（1）Java 规定：程序中的标点、符号、数字、空格等都必须是英文，而不能是中文。即使将一个英文空格误输入为中文空格或一个英文引号误输为中文引号，都会导致程序出错。因此，在编写程序前，要确认输入法处于英文输入状态。

但英文引号内可以使用任何汉字文字、标点、数字、符号，例如，可以将图 1.27 所示程序中的 "This is a test" 换成 "喂，大哥：你好吗？" 9 个中文字符。

（2）Java 规定：程序区分大小写。Java 严格区分大小写，这一点在录入时需要特别注意，只要有一点差错，程序就无法正确运行。例如：程序中的 public 一定不能写为 Public，System 一定不能写成 system。

另外，程序中的 println 一词的倒数第二个字母为小写的 L，不要写成数字 1。

1.3.3　编译程序

对于 Java，编译任务有两项，一是检查程序语法的正确性，二是将程序转换为字节码。

程序录入完毕，单击 JCreator 工具栏内的编译按钮（Compile File），编译结束后，JCreator 底部的提示窗口会自动切换到编译结果显示（Build Output）窗口。如果能出现图 1.28 所示的信息，即表示编译通过。

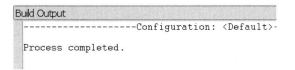

图 1.28　编译结果报告窗口

如果程序有一点错误，哪怕是一个符号写错、一个大写字母写成了小写字母，程序也不会通过编译，因此，要想使程序能够运行，必须将程序中的错误完全排除，而这往往需要多次修改。每次修改后，必须再次编译，直到编译时没有任何错误提示，程序才可以运行。

单击运行按钮，即可看到此程序的运行结果（见图 1.29）。

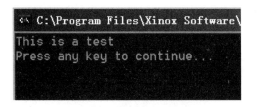

图 1.29　程序运行结果

大多数 Java 工具都选择用 DOS 命令提示符窗口显示程序运行结果。当然也可以指定其他程序作为结果显示程序。在 DOS 窗口中，如果出现一行英文"Press any key to continue…"，则表示程序运行完毕，这时，按任意键可关闭 DOS 窗口。

1.3.4　程序分析

这个程序共有 7 行。

程序的第一行为 class Test。class：类，Test 类名。Java 规定：一个程序至少要有一个类。类名的第一个字母一般为大写，这是一种习惯。如果 Java 中有一个词的词首是大写字母，Java 的程序员会认为它是个类。

程序的第二行为一个左大括号。左大括号的作用是一个程序块的开始标志，右大括号是本程序块的结束标志。因此，本行的左大括号的作用是标志类程序块的开始，相应的，最后一行的右大括号则表示类程序块的结束。

程序的第三行为 `public static void main(String args[])`。我们看到从这行开始，程序向内缩进了四个英文空格位，一般是通过按 Tab 键产生这 4 个空格位。这种缩进格式的使用主要目的是使程序结构清晰、容易阅读，就如同中文文章每段段首必须空出两个汉字位置一样。这是一种良好的编程的习惯，学习编程之初，应养成这种书写习惯。

现在可以简单地认为第三行语句是一个固定写法（以后章节会详细解释）。Java 规定，一个程序不管有多少个类，其中只能有一个 main 程序。程序从 main 程序块内的第一个语句开始执行。

第四行的左大括号是 main 程序块的开始，第六行的右大括号是 main 程序块的结束。

程序的第五行为 `System.out.println("This is a test");`。这句程序不再是结构语句，而是一个命令语句。Java 规定，一条命令书写完毕，必须加分号。因此，此句后面有一个分号，而此程序中其他行因为都属于程序结构语句，程序结构语句尾部不使用分号，其尾部或下一行开始为左大括号。

此句的功能是将"This is a test"这一行文字打印输出到屏幕上。println 可以理解为 print line（输出一行内容）。至于 println 前面为什么要加上 System.out，以后章节会做详细解释。

通过上述分析可见，尽管此程序用了很多行，但绝大部分都是程序结构体，只有一行是体现具体功能的语句。这就如同一个很大的书架，上面只有一本书。但这是 Java 规定必须的结构，它能保证书（语句）再多，也能做到分类明确，有条不紊。

通过前面 Java 程序的开发过程可以看出，要完成一个 Java 程序，需要的三个步骤大致为（见图 1.30）：

①编写 Java 程序。编写出的程序为纯文本文件，扩展名为 .java。

②编译 Java 程序。通过编译，产生字节码文件，其扩展名为 .class。

③运行 Java 程序。运行实际上是通过 JCreator 等开发平台，运行"Java.exe 字节码文件名"程序。然后 Java 边解释边执行，于是就可以看到运行结果。

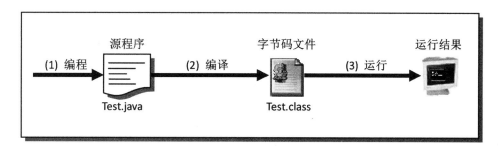

图 1.30　Java 应用程序开发过程

上面所说的编译程序 javac 和解释运行程序 java 实际上是两个程序文件 javac.exe 和

java.exe。它们是 JDK 中的两个程序文件，默认安装在 "C:\Program Files\Java\jdk1.5.0_04\bin\" 文件夹内。通过图 1.29 可以看出，这是两个关键程序文件，没有这两个文件，可以说无法进行 java 程序开发。

万事开头难。学习 Java 前的准备工作确实比较复杂，要理解示例中的程序语句还需要学会后面几章的知识。但这些简单机械的基本知识部分会很快熟练和掌握的。

例 1.1 仅仅是 Java 程序的一个简单示例，没有什么具体应用价值。但要开发出有一定应用价值的 Java 程序，这些基本的程序设计知识是必需的。

1.4 Java 程序的类型

Test.java 程序只是 Java 的一种普通应用程序。Java 可编制出下述多种类型的程序。

1.4.1 普通的应用程序

这是一种最普通的应用程序，英文名为 Java Application，MyTest.java 即属于这种类型。这种程序主要运行于个人电脑、电子消费产品等。比如我们可以用 Java 编写打字练习程序、走迷宫程序、VCD 播放程序、聊天程序、网络游戏程序等。

1.4.2 小应用程序

这是一种能够"让 Internet 动起来"的特殊类型的应用程序，英文名为 Java Applet。它不能单独运行，必须借助互联网浏览器运行。如果某个网页中含有这种程序，浏览器可从网上自动下载它，然后运行。目前，各种流行浏览器如微软的 Internet Explorer、网景公司的 Navigator 等都支持这种功能。Java 小应用程序打破了浏览器只能显示网页的局限，使得网页除了可以显示信息外，还可以实现更生动的多媒体交互，使交流沟通更灵活方便，此外，Java 小应用程序还能借助网页实现普通程序能够完成的大部分功能。

由此，我们不必再到千里之遥的某个机器内安装任何程序，进行任何维护。通过网页，随时随地，不依赖任何机器，都能安全有效地实现其应有的功能。

目前，许多网络上的地理信息系统的客户端都是用 Java Applet 实现的。2003 年的 SARS 病毒信息网上查询系统，就是使用的 Java Applet，实现了点击地图上任何一个位置，立即出现当地 SARS 疫情的相关内容，如统计信息、动态图示等。

1.4.3 Java 服务器应用程序

这是一种运行在服务器端的程序。相对而言，个人计算机浏览器端被称为客户端，因此 Java 小应用程序是一种在客户端运行的应用程序。而提供信息的网站一端则称为服务器端。

Java 服务器应用程序可以连接和操纵数据库服务器中的数据，接收浏览器端（客户端）

的数据，向浏览器端发送包含动态数据的动态网页、电子邮件、音频、视频等，为开发企业级互联网服务提供了优秀的解决方案。

目前最典型的网络服务应用结构可以分为三层。其上层是浏览器，中间是数据处理、下层是数据服务器。这三个层面构成了最完美的数据库应用结构，三层结构相互独立，功能划分明确，各司其职，为企业构建安全、稳定、扩展性强、易于设计维护的系统奠定了坚实的基础。可以说，三层结构是目前数据库应用结构中最先进的结构。而 Java 服务器应用技术是目前最适合实现中间层的技术（其他还有 CGI，PHP 等）。

Java 服务器应用程序形式有三种：Java Servlet、JSP（Java Server Pages）、Java Beans。

JSP 的前身是 Servlet。两者在功能上没有区别。在编写形式上，Java Servlet 是一种单独的程序，JSP 是将 Java 语句嵌入网页中，是一种 Java 语言和 HTML 汇合编写的程序。在运行时，JSP 需要由服务器自动编译为 Servlet，再将执行结果发送到浏览器端。

Java Beans 也是一种特殊形式的通用性程序，它编写完毕后经过编译，再被网页调用。这样可以大幅度提高 JSP 及 Servlet 功能上限（点击量），加快执行速度。另外，Java Beans 程序和脚本语言是分开的，有利于修改维护和重复利用。使得网页设计人员和功能开发人员分工更明确。

Java 服务器应用程序是目前应用最广、最热门的信息管理程序。目前国内运行效益最好的网站之一——163 网站，在服务器端采用的主要是 Java 服务器应用程序技术。

1.4.4　网页描述语言

网页描述语言英文为 Java Script，这是一种嵌在网页内的 Java 语言，它能被浏览器解释执行，也有很强的网页动态效果建造功能。

JavaScript 由网景公司开创，和 Java 相比，其功能要简单得多，许多 Java 的特性在 JavaScript 中并不支持。但从 java5.0 开始，它也被统一到 Java 家族，被看成是 Java 的一部分。它和 Java 本身有很相似的地方，且更容易学习和使用。

JavaScript 程序可以被看成是 HTML 文件的一部分。由于用户可以通过网页编辑程序查看修改网页的 HTML 文档，因此，JavaScript 程序没有保密性，任何人都可以查看、复制、修改，从而使得 JavaScript 程序随处可见，随手可得，用它编写的动态效果异彩纷呈，令人叹为观止。

第 2 章　Java 语言基础

学习过编程语言的人浏览本章和下一章的目录后，可能觉得已经会了，大概看一眼就可以了，No！尽管这两章也是从零讲起，但 Java 就是 Java，绝对不是 C 语言或 VB，它本身有许多特点，而这正是考证所必需的，不可不认真看。

2.1　数据的种类

Java 中的数据可分为两大类，简单类型（又称为原始类型 primitive type、原子类型）和复合类型。简单的数据类型主要有字符、整数、浮点数、布尔型等。复合型数据类型主要有字符串、日期、数组等。

2.1.1　字符

字符指的是单个字，其类型的标识符号为 char。在程序中，字符必须用英文的单引号引起来，例如：'a'、' 张 '、' 男 '。

请注意：Java 使用的是国际标准字符集（Unicode 字符集），它囊括了英文、简体汉字和繁体汉字、还有德日韩等多国的文字符号。因此，Java 中的一个汉字是一个字符，而在很多其他语言中，一个汉字是由两个字符组成。

Unicode 字符集共有 65536 个字。任何字符在 Java 中都有一个 16 位编号。因此，存储任何一个字符都需要 2 个字节。

Unicode 字符集显然要比 8 位单字节的 ASCII 码字符集（128 个）要大得多，但 Unicode 字符集兼容 ASCII 码字符集，即相同的英文字符 'A'，在 ASCII 码中编号为 65，在 Unicode 字符集中的编号也是 65。

◆ 例 2.1　**编写一个能输出一个英文字母、一个汉字及其编码的程序。**

编写过程如下：

（1）启动 JCreator。建立一个名为 CharTest 的文件（具体可以参考第 1 章）。

（2）输入图 2.1 左图所示的程序。

（3）编译运行，即会看到图 2.1 右图所示的结果。

如果无论如何都无法编译运行，说明读者所写程序中确实存在错误，请单击 JCreator 工具栏内的打开按钮 📂。打开光盘内 "源程序" 文件夹中的此文件，以做参考。

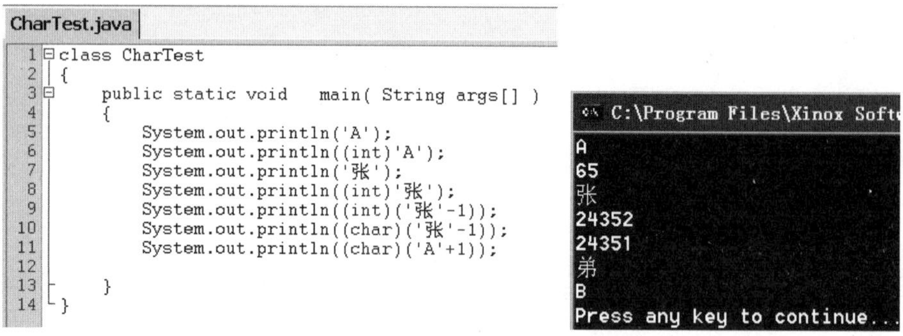

图 2.1　字符及其编号输出程序和运行结果

2.1.2　字符的运算

Java 中没有无符号型整数（即不可能为负的整数），要使用无符号整数这种类型的数据，一般用字符代替。但要注意，它的取值范围为 0 ～ 65535。

由此，字符也可以赋以正整数值。以下三个语句是等同的：

`char s='\u0061';`（十六进制）

`char s=97;`（十进制）

`char s=0141;`（八进制）

下面的语句是非法的，编译即会报错。

`char a= -20;`　错：字符不可能是负数。

`char b=70000;`　错：字符不可能超过 65535。

`Char c=97;`　错：char 的首字符不能大写。

`char d="A";`　错：字符只能使用单引号。

由图 2.1 也可以看出，字符也可以进行加减一类的运算。运算时，可先将字符用（int）将其强制转为此字符在字符集中的编号值，运算完毕，再将运算结果强制转为对应的字符。

例如：要在屏幕上打印出一个 'B'，可以通过字符 'A' 加 1。'A' 在字符集中的编号值为 65，字符 'B' 的编号为 66，所以可以使用下述语句：

```
p ó ë í Éã Kç ì í Ké ê á å í ä å
ÅÜ~ê D^ DHN X
```

由图 2.1 还可以看出，汉字在 Unicode 字符集中的编码顺序并不是按拼音顺序编排的。

2.1.3　特殊字符的处理方法

既然字符类数据是用单引号引起来的，而且单引号又必须是一对，那如何打印单引号一类的字符呢？方法是使用一个转义符号“\”。例如要在屏幕上打印出一个英文单引号，就要写成 '\''。常用的需要处理的字符见表 2.1。

表 2.1　Java 中的转义字符

字符	转义方法	说明
英文单引号 英文双引号 英文反斜杠	\' \" \\	
光标回到行首（return） 另起一行（new line） 另起一页（form feed） 退格键（← backspace） 跳格键（tab 键）	\r \n \f \b \t	光标回到当前行行首。 另起一行，但光标并不回行首。 一般用于打印机。 光标后退一个字符位置。 光标跳到下一个制表位(两个制表位间相隔8个字符)。
16 进制数转为字符 8 进制数转为字符	\uXXXX \XXX	'\u0061' 相当于字符 'a'，u 即 unicode 词首 '\141'　相当于字符 'a'

◆ **例 2.2**：编写一个程序，将"你好：我是"张更路""分两行打印输出到屏幕上。程序运行结果见图 2.2。

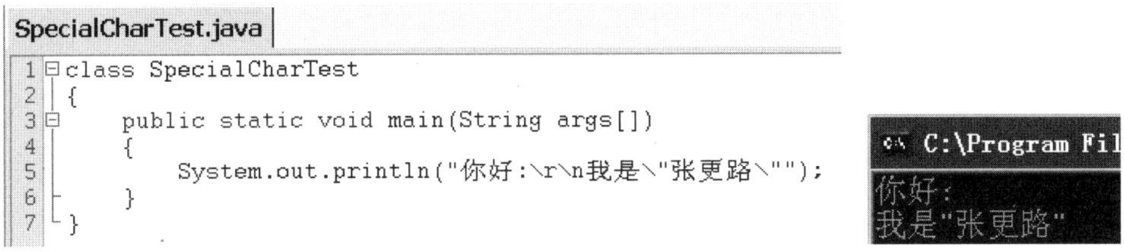

图 2.2　特殊字符处理程序及运行结果

在 println 语句中，使用了四次转义符"\"。前面两个"\r\n"是经常在一起使用的两个转义字符，其作用是光标移到下一行的开始处。后面的两个转义符用于输出英文双引号。如果是中文双引号，则无须使用"\"，因为所有的中文字符（包括汉字、中文标点、中文符号、中文数字、中文空格）都属于普通的字符，不需要转义。

如果将图 2.2 中的 println 语句换为：`System.out.println("1234555\b\b67");`，则屏幕会输出"1234567"。这是因为输出内容中有两个退格符，每个退格符分别令光标后退一个字符位置。光标后退之后，再输出后面的"67"两个字符，就会把两个本已输出到屏幕上的"55"覆盖。

2.1.4　数值的分类

数值可以分为很多种。数值分类及每种数值的类型特点可参考表 2.2。

表 2.2 数值分类表

分类			标志符	占用字节数（长度）	取值范围	标志
数值	整数	字节型	byte	1	$-128 \sim 127$（$-2^7 \sim 2^7-1$）	
		短整型	short	2	$-32768 \sim 32767$（$-2^{15} \sim 2^{15}-1$）	
		整型	int	4	约 -21 亿 ~ 21 亿（$-2^{31} \sim 2^{31}-1$）	
		长整型	long	8	（$-2^{63} \sim 2^{63}-1$）	l
	实数	浮点型	float	4	约 $-1.4*10^{45} \sim 3.4*10^{38}$	f
		双精度型	double	8	约 $-4.9*10^{324} \sim 1.8*10^{308}$	d

byte 型最大是 127，原因是：1 个字节 8 个位，最高位为符号位，符号位为 0 则为正，为 1 则为负，所以一个字节可以表示的最大正数为 011111111，即 127。负数在计算机内需要特殊处理，在此不再细述。其他类型数据的最大值和最小值也可以以此类推。

总之，一种类型的数值的取值范围为：$-2^{（字节数-1）} \sim 2^{（字节数-1）}-1$。

要知道一个整数的二进制数是多少，可以启动 Windows 开始菜单—程序—附件—计算器程序。然后单击"查看"—"科学型"菜单项，输入一个十进制数，再单击"二进制"按钮（见图 2.3）。

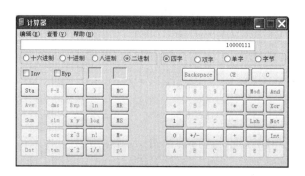

图 2.3 Windows 计算器

要标明一个数字为 long 型，可以在数字后面加上一个字符"l"或"L"，但小写的 l 很容易被误认为是数字 1，因此，实际编程时，强烈建议使用大写的 L。如 123L、12345678L。

Short 类型很少使用，主要原因是这一类型的兼容性差，它在某些类型的机器中会引起程序错误。

整数型习惯上称整型，它们是没有小数的，这一点要特别注意，它是一个很重要的考点。例如：1234567.8L 是错误的，因为它不是一个整数；语句 int x=1234.5 是错误的，因为 x 是整数。

整数有以下三种表示方法：

（1）十进制数。

如 88、255、123456789L。

（2）八进制数。标志为数字前面有 0。

例如：077、01234。要特别注意的是，077 是八进制，它只相当于十进制的 63，System.out.println（077）；一句的输出结果为 63（注意：八进制不存在这样的数，比如 088）。

（3）十六进制数。标志为数字前面有 0x（或 0X）。

例如：0x1a，-0xFFL（long 型）。

注意：Java 严格区分大小写，但对三个数据类型标识符如 1、f、d 的大小写没有限制，对于十六进制中的字符大小写也没有限制。例如 0xcafe，0xCAFE，0xCafe 这三个是等价的，都是表示十进制数 51966。

例 2.3 编写一个使用多种进制表示数字的程序。

源程序请参考图 2.4（图中的结果输出窗口经过裁剪，放入了图中空白区）。

```java
class MultiExpressTest
{
    public static void main(String arg[])
    {
        byte    b=055;          b=45
        short   s=0x55ff;       s=22015
        int     i=10000000;     i=10000000
        long    l=0xffffL;      l=65535
        char    c='a';          c=a
        float   f=0.23F;        f=0.23
        double  d=1.23E-4;      d=1.23E-4

        System.out.println("b="+b);
        System.out.println("s="+s);
        System.out.println("i="+i);
        System.out.println("l="+l);
        System.out.println("c="+c);
        System.out.println("f="+f);
        System.out.println("d="+d);
    }
}
```

图 2.4　数字使用程序示例

2.1.5　数值使用注意事项

（1）所有的数值型数据都是有符号数

表 2.2 中的所有数值类型均为有符号数，即任何类型的数既允许是正数，也可以是 0 或负数。

（2）要记住每种数据类型所占用的字节数

所谓占用字节数，即存储某一类型的数到磁盘或内存中，需要占用多少字节。记住了一个数据类型所占字节数，也就相当于记住了此种类型数值的取值范围。

记住一个数值类型的取值范围很有用，它能让我们在编程过程中，恰当地使用合适的数据类型，这样就可以减少程序运行时造成的内存或硬盘空间的浪费，又不至于因类型设置过小而导致程序出错。

例如：一般人的年龄用 byte 型足矣，要表示一个人的高考总分，用 char 型适合。但要表示美国的人口数，则要使用 int 型。要表示天上星星的数量，最好使用 long 型整数。要表示 Bill Gates 的个人资产，则最好使用 double 型。

（3）实数转为整数不四舍五入

如果要将一个带有小数的数值转为整数型，计算机会舍去小数，不会四舍五入。例如语句 int x=（int）1234.5; 的运行结果是 x 为 1234。

（4）数字中不能有千分符

例如：12345.678 写成 12,345.678 是绝对错误的。

（5）实数可以用科学计数法表示，整数不可以

实数有两种表示形式：

十进制数形式。

由数字和小数点组成，且必须有小数点，如 0.123、.123、123.、123.0。

科学计数法形式。

例如：要在计算机内表示实数 8.12*10-30，可以用科学计数法写成 8.12E-30 或 8.12e-30。

注意：e 或 E 后面必须有数，且必须为整数。

（6）浮点型的精度差，实数默认双精度型

浮点型数值可表示的精度比较低。所以，Java 默认一个实数为 double 型。相对于浮点型而言，双精度型更常用。

浮点型的有效位（包括整数部分和小数部分）只有 7 位，精确度比较差，而双精度型的有效位为 15 位，因此，在高精度运算时，一般不使用浮点型。

实数默认双精度型。比如 1.0 就是一个双精度数而不是一个浮点数。如果要强制一个实数为 float 型，则要在数字后加 f 或 F，例如 12.3F、-123.0f、3.14E10f。

float x=123.4; 语句是不正确的，编译无法通过。这是因为一个 float 型 x 只能占用 4 个字节，不可能容得下占用 8 个字节的 double 型数 123.4，因此，此句应改为：float x=123.4f; 或 float x=（float）123.4;。通过这两种改法，可将双精度数强制转为浮点数。

◆ 例 2.4 编写一个程序，实现：

①在屏幕上打印输出 0.123456789012345 的浮点型值、双精度型值；

②打印输出数值 8.12e30；

③将浮点数 70.6 转为整型并打印输出；

④将转换为整型后的数值再转为字符并打印输出。

源程序及其运行结果见图 2.5。

图 2.5 数值类型转换程序及运行结果

通过图 2.5 所示的程序可以看出，双精度型数据要比浮点型数据精度高（相对而言，浮点型数据比双精度型数据占用内存少，运算速度快）。

从本程序中还可以看出，不同类型的数值在转换时，需要在等号后面加上类型标志。例如：float x=70.6f; int y=（int）x;。

浮点型数 70.6f 向整型转换的结果是 70，小数部分被舍弃（见图 2.4 中输出结果）。

要得到 70.6f 的四舍五入的结果，需要写成 Math.round（70.6f）。本书的第 7 章有这种写法的解释。

如果将某个整数强制变为字符型并输出，则会在结果输出窗口中看到对应编号的字符。如编号为 70 的字符为'F'。

负数是不能开平方的。这种错误虽然可以通过编译，但运行结果会显示为 NaN，即 Not a Number。

◇ 例 2.5 编写负数开平方的试误程序（见图 2.6）

注意：文件名和类名使用了一个下划线。这说明下划线可以用于类名，但减号不可以。

图 2.6 负数开平方程序及运行结果

2.1.6 布尔型数据

英国数学家 George Boole（乔治·布尔）在 19 世纪开创了二进制代数学，boolean 型是以这位科学家的名字命名的一种数据类型。boolean 型又称为逻辑型，即两选一型，这类数据只能是两个值之一，即要么为 true，要么为 false。例如是否为党员、婚否、有无遗传病史等。

布尔型数据经常用于逻辑推理。

◇ 例 2.6 假定 22 岁可以结婚，一个人今年 18 岁，请判断此人是否允许结婚，并将判断结果打印输出在屏幕上。

参考程序及程序运行结果见图 2.7。

```
BooleanTest.java

1  public class BooleanTest
2  {
3      public static void main(String arg[])
4      {
5          boolean x = true;
6          System.out.println("x="+x);
7
8          int a=18;
9          boolean y = a>=22;
10         System.out.println("y="+y);
11
12         if (y) System.out.println("可以结婚");
13         else    System.out.println("不能结婚");
14     }
15 }
```

```
C:\Program Files\Xinox Soft
x=true
y=false
不能结婚
Press any key to continue..
```

图 2.7　逻辑型数据使用示例

程序分析：

从程序中可以看出：布尔型数据可以直接赋值，例如：x=true。

布尔型数据也可以从一个比较结果中得到，例如图 2.7 所示的程序中，y 被定义为布尔型数据，因为 a>=22 为 false，所以 y=false。

程序中最后的两行语句为一种判断语句（判断语句以后再详细介绍），大致意思是：

如果 y 值为 true，屏幕输出"可以结婚"；

否则，屏幕输出"不能结婚"。

2.1.7　布尔型数据使用注意事项

（1）true、false 必须小写。大写是绝对错误的。

（2）true/false 不能用 yes/no 或 1/0 代替。Java 中没有 yes/no，1/0 也不是逻辑值。

（3）int true=100; 这个语句肯定是错误的，true、false 不能用于布尔型数据名。

2.1.8　字符串

以上共介绍了 8 种类型的数据，它们是：char、boolean、byte、short、int、long、float、double。这 8 种类型的数据是最基本的类型，统称为"原始类型"。

除了上述 8 种原始类型（primitive type）的数据外，经常用到的还有字符串数据和日期型数据，但后两类数据属于复杂型数据，Java 把它们制作成了类，做成类的好处，在以后章节会详述。

字符串即多个连续的字符组成的数据。字符串必须用英文双引号引起来。引号内可以是任何字符，包括空格。其标识符为 String（第一个字符 S 要大写）。

例如："张三"、"— Abc __"、""（空串，不含任何字符的字符串）、"123"（这里的 123 因为被放在引号中，因此，它不是数值型数据，而是可以显示或打印在屏幕上的由三个字符组成的字符串）。

两个字符串可以用英文加号合并为一个字符串，例如："张三"+"是董事长"的结果为一个字符串"张三是董事长"，"1234"+"567"的结果为"1234567"。

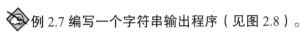例 2.7 编写一个字符串输出程序（见图 2.8）。

```
StringTest.java
 1   class StringTest
 2   {
 3       public static void main(String arg[])
 4       {
 5           System.out.println("1234\u00585678");
 6
 7           String s1="张三";
 8           String s2="是董事长";
 9           System.out.println(s1+s2);
10       }
11   }
```

```
C:\Program Files\Xinox Softw
1234X5678
张三是董事长
Press any key to continue..
```

图 2.8　字符串输出程序示例

在这个程序中，使用了转义字符'\u0058'，它是字符'X'。

注意：java 的字符串不能像 C 那样，用'\0'作为结束。

2.1.9　日期型数据

Java 中的日期型数据处理相对复杂，它需要用到以后才介绍到的知识，因此，我们将在后面章节中讲述日期类数据的处理方法。

以上是 Java 主要的数据类型。

注意：

（1）每种类型所占字节数是永远不变的。

在 C、C++ 中，对于不同的硬件平台，一个 int 型的数据所占字节数可能不同，这导致了代码的不可移植性。但在 Java 中，任何数据类型所占的字节数是固定不变的。在这点上，它保证了 Java 的可移植性。

（2）Java 不允许不同类型的数据间相互转换。但各种数值型数据类型间可以相互转换。

例如，true 永远不会和 1 相等，但 int 型数据可以转为 long 型。

（3）Java 中没有 sizeof 关键字

sizeof 是 C 语言中求变量所占字节数的函数，Java 中没有这一关键字。学习过 C 语言的读者绝对不要将两种语言混淆，考试经常会出一些类似问题。

2.2 变量和常量

2.2.1 什么是变量和常量

在程序设计时，为了解决某个问题，经常需要引入变量（Variable, 有时简称 Var）这一概念。所谓变量，就是用一个或几个连续字符来代表某个可变的数值。

例如：int x; String sName; 其中的 x 和 sName 就是两个变量，它们在程序运行时可以在不同位置或不同时刻赋予不同的值。

所谓常量，就是在程序运行期间其值不能被修改的量。常量在定义时要使用 final 一词标识，并且在定义时就要给出固定值，其值以后也不能改变。

例如，数学运算中，就经常用到类似圆周率一类的常量。

习惯上，常量名中的所有字符一般全部使用大写。为了清楚理解一个常量的含义，一般使用下划线将一个变量的各单词分开，使变量代表的意义更容易理解。例如：MAX_SIZE、DEFAUT_KEY 等。

例 2.8 目前世界上最大的位于夏威夷的凯克望远镜，直径 10 米。请通过程序计算镜口的面积（见图 2.9）。

```
CircleArea.java
1  public class CircleArea
2  {   public static void main(String args[])
3      {
4          final double PI=3.1415926;
5          int r=10/2;
6          double s=r*r*PI;
7          System.out.println("面积为"+s);
8          System.out.println("面积为"+(int)s);
9      }
10 }
```

```
C:\Program Files\Xinox Soft
面积为78.539815
面积为78
Press any key to continue..
```

图 2.9　圆面积计算程序及运行结果

程序分析：

在这个程序中，使用 final 定义了一个常量，但因为它是一个精确度很高的带小数的值，因此，需要将其声明为 double 型，这样计算出的面积才更精确。

如果在输出结果时，只想得到一个整数，则可以像本程序中第 8 行语句那样，在结果前加一个"（int）"用于强制转换。

程序结果为：望远镜镜口的面积是 78 平方米，比两室一厅的居家面积还大。

2.2.2 关于 const

学过 C 语言读者，应对这一知识点高度重视。

C 语言中使用 const 声明一个常量，Java 中则使用 final 声明一个常量。Java 中有 const 专用词，但 const 在 Java 中只属于保留字，没有具体功能，即不能在 Java 程序中使用。

2.2.3　变量和常量的命名要求

在为常量和变量起名时应注意：

（1）变量名对所用字符有要求

具体要求是第一个字符必须是英文字母、汉字、下划线或美元符 $。变量名内不能包含 # 、空格、运算符号、标点符号等。

因此，变量名 3max、room# 显然是错误的。

（2）变量名没有长度限制

（3）变量名区分大小写

因此，sName 和 SName 是两个变量名。

（4）不能使用 Java 语言中的专用词做变量名

因此，class 或 public 等不能用做变量名。但变量名 myClass 一词是合法的。

在 JCreator 中，Java 专用词用的是蓝色。其他许多开发软件也有用特殊颜色表示特殊文字的功能。这使得我们很容易知道哪些是 Java 的专用词，从而不会误将专用词用做变量名。

专用词一般称为关键字（Key word），任何语言都不允许关键字做变量名。

（5）注意不同类型变量的取值范围

在使用变量时，不能将一个超过变量类型范围的数值赋给此种变量，如果某个变量被赋予了超过此类型允许范围的数值，则会出现数值越界的运行错误。

（6）养成良好的命名习惯

变量名最好用有合理代表意义的英文词或英文词缩写命名，并且除第一个字符外，词的每一部分的第一字母大写，这是 Java 提倡的变量命名习惯。

例如我们可以用 cName、sex、classNo、goldenPrice 表示姓名、性别、班号、黄金价格。尽量不要用 XM、XB、BH、HJJG 这类汉字缩写为变量起名，它会使稍长的程序变得难于阅读、费时费力。试想，如果你看到一个程序中有个变量为 BH，你能肯定它的意思是班号还是编号？尽管 goldenPrice 一词很长，但它可以增强程序的可读性，使我们最终受益。

变量名 $loan 也是合法的，可以用于表示贷款数量，但 $ 最好也不要使用，除非是美元贷款等特殊情况。

2.2.4　变量声明语句的写法要求

（1）先声明后使用

变量必须先声明后使用，而且只能声明一次，不能重复声明。

（2）分号和逗号

变量声明也是一条语句，因此，一个声明语句结束，必须加上分号。但在一个声明语句中，可以一次声明多个相同类型的变量，中间用逗号分开。

例如：int x, y=0, z=100; String c;。

（3）不能在类体之外声明

Java 规定，任何变量声明语句都必须写在某个类体内部，不能在任何类体之外定义变量。

下面我们通过一个错误示例，来说明以上三点。

 例 2.9　找出图 2.10 所示的程序中的错误。

```
VerErrorTest.java
 1    int n;
 2  class VerErrorTest
 3  {
 4      public static void main(String args[])
 5      {
 6          int i,j=015;
 7          k=i+j;
 8
 9          int i=12+015;
10          System.out.println(i);
11      }
12  }
```

图 2.10　变量声明错误示例

在图 2.10 所示的程序中，共有三处错误导致编译不能通过：

第 1 行：将变量声明在了类体之外；

第 7 行：变量 k 未声明即使用；

第 9 行：变量 i 第二次声明。

高度注意：

在 Sun 的 Java 认证考试中，有很多考试题，要求回答出错信息是在编译时报告还是运行时报告，以考查应试者对错误的把握程度，防止程序员编写出的程序运行时错误百出。这是对一个程序员的合理要求，因此，在今后的学习中，应高度注意这类问题。

2.2.5　数值类型转换

在实际中常会将一种类型的数值赋给另外一种类型的变量。这种数值类型之间的变换称为数值类型转换。

数值类型转换遵循如下规则：

（1）赋值运算时，短字节类型可自动转为长字节类型

当把占用位数较短的数据转化成占用位数较长的数据时，Java 执行自动类型转换，不需要在程序中作特别的说明。

例如，int i=10;　long j=i;　其中的第二条语句把 int 型数据赋值给 long 型数据。这是允许的，而且编译运行时不会发生任何错误。

（2）混合运算式中，短字节类型会自动转为长字节类型

整型、实型、字符型数据可以混合运算。运算中，不同类型的数据要先转化为同一类型（转为其中取值范围最大的一种）。然后才进行运算。运算结果当然是取值范围最大的一种。

例如：（byte）1+'b'+123+456.78f+90.5 结果当然是 double 型值。

（3）强制类型转换

即在一个数字前标明数字的类型，或使用类型标识符附在数字后。例如：

int x=（int）123.45; 、float y=12345f;

强制转换又叫显式声明，自动转换又叫隐式转换。

（4）必须的类型转换

Java 不会允许任何两个或多个以上的 byte、short、char 三种类型的变量做任何运算后再赋给上述三种变量。因为变量运算结果有可能超出三种类型的取值范围。出于安全的角度考虑，Java 编译器不可能允许这种危险发生。

因此，如果 byte、short、char 三种类型变量右侧为包含变量的运算式，则等号后一定要加强制类型转换声明，再将运算式用小括号整个括起来。否则就无法通过编译。

例 2.10　观察图 2.11 所示的程序中的错误。

```
ReverseErr.java
1  class ReverseErr
2  {
3      public static void main(String args[])
4      {
5          byte a,b,c;
6          a=2;
7          b=8+10;
8          b=a;
9          c=a+b;
10         c=a-b;
11         byte x=(byte)a +(byte) b;
12     }
13 }
```

图 2.11　类型转换错误示例

在图 2.11 所示程序中，第 7 行运算结果是正确的，因而编译不会报错，但第 8、9、10 行都违反了上面黑字所写的规则，隐含变量运算结果有可能出现超出三种类型的取值范围的危险。因而编译时会报错。

更正后的程序见图 2.12。

```
CorrectReverseErr.java
1  class CorrectReverseErr
2  {
3      public static void main(String args[])
4      {
5          byte a,b,c;
6          a=2;
7          b=8+10;
8          b=a;
9          c=(byte)(a+b);
10         c=(byte)(a-b);
11         byte x=(byte)(a +b);
12     }
13 }
```

图 2.12　更正后的"类型转换错误"程序

可见，上述情况不允许使用隐式转换，必须强制转换。

如果要强制转换一个超出某个类型取值范围的数，编译时不会报错，但运行时得出错误结果。

2.3 运 算

基本的运算符主要有以下六种。

2.3.1 算术运算

算术运算符主要有以下三类：

（1）加（+）、减（-）、乘（*）、除（/）；

例 2.11 计算并输出（1+（2-3）*4）/5 的结果（见图 2.13）。

```
BasicOperatorTest.java
1  class BasicOperatorTest
2  {
3      public static void main(String args[])
4      {
5          float x=(1+(2-3)*4)/5;
6          System.out.println("x="+x);
7      }
8  }
```

```
C:\Program Files\Xinox Soft
x=0.0
Press any key to continue...
```

图 2.13 算术运算程序及运行结果

编译运行结果，屏幕显示"x=0.0"。结果出乎意料，因为手工计算结果应为"x=-0.6"。究其原因，主要是等号右侧进行的是整数运算，而不是浮点数运算。因此，要得到正确的值，应将图 2.13 中的第 5 句改为以下两种语句之一：

float x=（float）（1+（2-3）*4）/5;

float x=（1+（2-3）*4）/5f;

由例 2.5 可知：两个整数相除，会直接舍掉小数，而不是四舍五入。

Java 中的除数还可以是实数 0.0 或 -0.0，结果会是无穷大（Infinity 或 -Infinity）。

例 2.12 编写一个除数为 0.0 的程序（见图 2.14）。

```
DivZero.java
1   class DivZero
2   {
3       public static void main(String args[])
4       {
5           double x = 123.4 / 0.0;
6           double y = 123.4 /-0.0;
7
8           System.out.println("x="+x);
9           System.out.println("y="+y);
10
11      }
12  }
```

```
C:\Program Files\Xinox Soft
x=Infinity
y=-Infinity
Press any key to continue...
```

图 2.14 除数为 0.0 的程序

注意：除数不能是整数 0，否则编译无法通过。

（2）取两数相除后的余数（%）

例 2.13 试通过程序，验证取余运算（见图 2.15）。

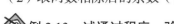

```
ModeTest.java
 1  class ModeTest
 2  {
 3      public static void main(String args[])
 4      {
 5          int   x1= 10 % 4;
 6          int   x2= 10 % -4;
 7          int   x3= -10 % -4;
 8          double y= 10 % 4;
 9          double z=  5 % 1.5;
10
11          System.out.println("x1="+x1);
12          System.out.println("x2="+x2);
13          System.out.println("x3="+x3);
14          System.out.println("y="+y);
15          System.out.println("z="+z);
16      }
17  }
```

```
C:\Program Files\Xinox Soft
x1=2
x2=2
x3=-2
y=2.0
z=0.5
Press any key to continue...
```

图 2.15 取余运算程序及运行结果

通过图 2.15 中的程序可以得出取余运算规则：

整型取余运算结果为整数，实数的取余运算结果为实数。

取余结果的正负仅与 % 前面的数的正负一致，与 % 后的数无关。

可以对实数取余，% 后面可以是实数。

（3）递增（++）、递减（--）。

x++;，即让 x 的值增加 1，比如 x 原来是 5，经过 ++ 运算后，x 的值为 6。

x--;，即让 x 的值减少 1，比如 x 原来是 5，经过 -- 运算后，x 的值为 4。

同样不难理解，x+=2，即让 x 的值增加 2。这类运算符主要有：+=、-=、*=、/=、%=。这类运算符统称扩展运算符，或复合运算符。

x++; 实际上是 x=x+1; 的简写形式。从数学角度上看 x=x+1 这一等式永远不会成立，因此，要理解这个语句，不要和数学关联起来，它只能这样解释：新的 x 值等于以前的 x 值增加 1。

例 2.14 编写一个递增运算程序（见图 2.16）。

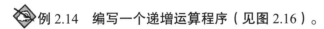

```
PPTest.java
 1  class PPTest
 2  {
 3      public static void main(String args[])
 4      {
 5          int i=1;
 6          i++;
 7          System.out.println("i="+i);
 8
 9          int j=0;
10          j+=10;
11          j+=i;
12          System.out.println("j="+j);
13      }
14  }
```

```
C:\Program Files\Xinox Softw
i=2
j=12
Press any key to continue...
```

图 2.16 递增运算程序及运行结果

从图 2.16 中可以看出，递增递减值不仅可以是具体的数值，还可以是变量。

2.3.2　i++ 和 ++i

++ 符号不仅有 i++ 这种写法，还有 ++i 写法，二者目的都是让 i 的值增加 1。如果作为一条单独语句，比如 i++; 或 ++i;，两者在结果上没有任何区别。

二者唯一有区别的场合是在赋值语句中。通过图 2.17 所示的程序可以看出二者在结果上的差异。

例 2.15　编写一个 i++ 和 ++i 差异验证程序（见图 2.17）。

```
PPTest2.java
1  class PPTest2
2  {
3      public static void main(String args[])
4      {
5          int i=0;
6          int j=0;
7
8          j=i++;
9
10         System.out.println("i="+i);
11         System.out.println("j="+j);
12
13         int a=0;
14         int b=0;
15
16         b=++a;
17
18         System.out.println("a="+a);
19         System.out.println("b="+b);
20     }
21  }
```

```
C:\Program Files\Xinox Softw
i=1
j=0
a=1
b=1
Press any key to continue...
```

图 2.17　i++ 和 ++i 差异验证程序及运行结果

在这个程序中，j=i++; 实际上等于两句程序 j=i; i++;。因此，程序运行结果 j=0.

在这个程序中，b=++a; 实际上等于两句程序 a++; b=a;。因此，程序运行结果 b=1。递增时间不同，自然最终结果也不相同。

通过分析，可以得出下述结论：

在赋值语句中，i++ 先赋值后递增，++i 先递增再赋值。

这种二合一式的语句虽然书写效率高，但很不易于对程序的理解，如果将程序变为图 2.18 所示的写法，则程序就会显得非常简单。

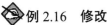例 2.16　修改上题，使得程序简单明了（见图 2.18）。

```
PPTest3.java
1  class PPTest3
2  {
3      public static void main(String args[])
4      {
5          int i=0;
6          int j=0;
7          int k=0;
8          i++;
9          j=i;
10         System.out.println("i="+i);
11         System.out.println("j="+j);
12
13         i++;
14         k=i;
15         System.out.println("k="+k);
16     }
17 }
```

图 2.18　改进后的递增程序

通过两个程序的对照可以看出，尽管改进后的程序有点“啰嗦”，但非常简单，这样的程序在阅读时感觉非常流畅。而原来的程序尽管因使用了 i++ 和 ++i，使程序显得很“简捷”，但阅读时很令人“头痛”，程序的可读性大大下降。

因此，作者不推荐在赋值语句中使用 i++ 和 ++i，以降低程序理解难度，确保程序的可读性和正确性。

“++”一类运算符的正确使用是一个考证必考的问题，请一定掌握。

2.3.3　比较运算

比较运算又叫关系运算。它们一般用于判断语句中（见表 2.3）。

表 2.3　常见的比较运算符

运算符	意义	示例
<	小于	1<2
>	大于	2>1
<=	小于或等于	12 <=12
>=	大于或等于	12>=12
= =	相等	1+2= =3
!=	不等	1+2!=4

注意：在 Java 中，“=”号的意思是赋值，不能用于比较。要判断两个值是否相等，则必须使用“= =”号。

◆例 2.17　编写一个比较运算符差异的验证程序（见图 2.19）。

```
CompareTest.java
1  class CompareTest
2  {
3      public static void main(String args[])
4      {
5          int i=0;
6          int j=0;
7          System.out.println(i==j);
8
9          System.out.println('a'=='A');
10
11         if(2+2!=4) System.out.println("不相等");
12         else       System.out.println("相等");
13     }
14 }
```

```
C:\Program Files\Xinox Softw
true
false
相等
Press any key to continue...
```

图 2.19　比较运算符验证程序及运行结果

通过本程序也可以知道，'a' 和 'A' 不是一个字符，在字符集中，它们分别有各自的编号。英文字符在 Unicode 字符集中按字母顺序编排，因此，英文字符可以比较大小，而汉字不可以按拼音顺序比较大小。

2.3.4　逻辑运算

逻辑运算又称为布尔运算、关系运算，一般用在判断语句中，常用的逻辑词见表 2.4。从表中可以看出，"非" 的运算级别最高。

表 2.4　逻辑运算符

运算符	意义	说明	优先级
！	非	取反（真变假，假变真）	6
&	并且	两者都为真，结果才真	5
|	或者	其中一个为真，结果为真	4
^	异或	两个值不同，结果为真。	3

在上面的运算关系中，"非" 是对某一个逻辑数值的否定，例如：

x = true，则 !x= =false；

x=false，则 !x= =true。

其他三个关系都是两个逻辑值间的运算。如果 true 用 1 表示，false 用 0 表示，则这三个关系的两数运算结果见表 2.5。

表 2.5　逻辑运算值表

X	Y	X & Y	X | Y	X ^ Y
1	1	1	1	0
1	0	0	1	1
0	1	0	1	1
0	**0**	0	0	0

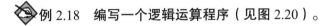 例 2.18　编写一个逻辑运算程序（见图 2.20）。

```
SalaryTest.java
 1  class salaryTest
 2  {
 3      public static void main(String arg[])
 4      {
 5          boolean x=true;
 6          boolean y=false;
 7          System.out.println( !x );
 8          System.out.println(x & y);
 9          System.out.println(x ^ y);
10
11          String 姓名="才万年";
12          String 职称="处长";
13          int    工资=200;
14          if(职称=="教授"||职称=="处长") 工资=工资+50;
15          System.out.println(姓名+工资);
16      }
17  }
```

```
C:\Program Files\Xinox Softw
false
false
true
才万年250
Press any key to continue...
```

图 2.20　逻辑运算程序及编译运行结果

在录入这个程序时，一定要注意中英文输入法的切换，以免因操作失误，录入了中文标点、符号或空格。

在这个程序中定义了三个中文变量，"姓名"、"职称"和"工资"。Java 允许中文字符做变量名。

2.3.5　短路逻辑运算

Java 还有双逻辑运算符。如 !!、&&、||、^^。双逻辑运算符又叫"短路逻辑运算符"，单逻辑运算符又叫"非短路逻辑运算符"，二者的运算结果是完全一样的。

我们举一个例子便知道什么是短路了。假设 a、b 值都是 false，c 值为 true，在计算 a && b & & c 时，计算机发现 a 本身是假，则无需计算 a && b，也无需计算后面的 & & c 运算，计算机会直接给出结果。这有点像电路，只要有一处断开，其余位置不查看，最终结果肯定没电。

如果是普通逻辑运算式 a & b & c，则计算机不管 abc 的值是什么，都要先计算出 a&b 的值，再将结果和 c 值相与。即使运算式再长，也要一直算到底，而不管结果是否已明显得出。

短路运算会使程序运算速度加快，但也有可能带来问题，比如短路语句的后半部可能

含有 i++ 之类的语句，如果是非短路运算，则肯定会执行 i++，如果是短路运算，就只有天知道了，一般神仙都猜不准。

2.3.6　位运算

位运算符用于二进制位运算，操作数只能为整型和字符型数据。要人工计算出运算结果，需要以下三步：

（1）将整数变成二进制数；

（2）二进制运算；

（3）运算结果变成十进制数。

Java 中的位运算符主要有：<<、>>、>>>、&、|、^、~。

①左移运算 <<

左移，即先将数字变为二进制数，然后每个二进制数向左移运算式中指定的次数，左边的二进制位将被移出，右边将补上若干个 0。移动完毕，将二进制结果转为 10 进制，即是最终结果。除 >>> 运算之外的其他所有位移运算，结果的正负符号都不改变，即正数的移动结果还是正数，负数的移动结果还是负数。

例如：int a=64<<2。

64 的二进制数应为 0000 0000 0000 0000 0000 0000 0010 0000，向整体左移动 2 位后，变成 0000 …… 1000 0000，所以 a 的值为 256。

规律：左移运算后的结果=数值 * 2 位移次数

②右移运算 >>

右移，即先将数字变为二进制数，然后每个二进制数向右移，右边的二进制位将被移出，左边将补上若干个 0。

例如：int a=16,b=a>>2;　　　　　　//b=4

16 的二进制数应为 00010000，整体向右移动 2 位后，变成 00000100，结果为 4。

规律：右移运算后的结果=数值 /2 位移次数

③无符号右移运算 >>>

这种运算符比较特殊，也比较少用。

正常情况下，一个数转为二进制后，最高位是符号位。如果最高位为 0，则此数为正数，最高位为 1，则表示此数为负数。

无符号右移，即将符号位也作为一个数，一起右移。符号在这种运算中，变成了一个二进制数。而其他位移运算，则是不移动符号位的。

规律：正数的无符号右移运算结果和 >> 一样。

例如：int a = 16 >>> 2;　//a 值为 4。

16 即 32 位二进制数 0000……0001 0000。

它右移两位，结果为 0000……0000 0100，即 a 为 4。

如果是负数进行 >>> 运算，则运算结果为正，但结果的绝对值和 >> 结果有很大差异。

规律：负数的无符号右移结果＝ 232- 位移次数—数值 /2 位移次数

例如：int x = -16 >>> 2; 用计算器计算，会得出 x=1073741820。

注意：移位运算只能对整型数据进行操作，如果位移数超过整型的位数 32，则需要进行取余运算。例如一个数右移 33 位。则仅相当于右移 1 位（33%32 = 1）。

④按位与运算 &

参与运算的两个值,转为二进制后,如果相应两个位都为 1,则该位"与运算"的结果为 1,否则为 0。逐位或运算后，再将结果转为 10 进制，即为最终结果。

例如：26 & 6 = 2。即

```
    0001 1010        ------26
&           0000 0110        ------6
=   0000 0010        ------2
```

⑤按位或运算 ｜

参与运算的两个值,转为二进制后,如果相应两个位有一个或两个为 1,则该位"或运算"的结果为 1，否则为 0。逐位或运算后，再将结果转为 10 进制，即为最终结果。

例如：26 ｜ 6 = 2。即

```
    0001 1010        ------26
|           0000 0110        ------6
=   0001 1110        ------30
```

⑥按位异或运算 ^

参与运算的两个值，转为二进制后，如果两个对应位不一样，结果为 1，如果同为 1 或同为 0，则结果为 0。逐位异或运算后，再将结果转为 10 进制，即为最终结果。

例如：26 ^ 6 = 28。即

```
    0001 1010        ------26
^           0000 0110        ------6
=   0001 1100        ------28
```

上面所介绍的运算都是一个运算符、两个运算数，这种运算称为双目运算或二元运算。

⑦按位取反运算～

这种运算比较特殊，参与运算的只有一个数。例如 int a = ~64;。

按位取反的计算规则为：

正数按位取反后，结果符号为负，值为原值加 1。

例如 x= ～ 64;，x 的结果为 -65。

负数按位取反后，结果符号为正，值为原数的绝对值减 1。

比如 x= ～ -64;，x 的结果为 63。

像按位取反这样只有一个运算符、一个数值的运算称为单目运算或一元运算。

每次考试都有 1 ～ 2 道位运算题。

例 2.19 编写一个位运算程序（见图 2.21）。

```
BitCalculate.java
1  class BitCalculate
2  {
3      public static void main(String arg[])
4      {
5          int a=-64;
6          System.out.println(a<<2);
7          System.out.println(16>>2);
8          System.out.println(16>>>2);
9          System.out.println(-16>>>2);
10
11          System.out.println(26 & 6);
12          System.out.println(26 | 6);
13          System.out.println(26 ^ 6);
14          System.out.println( ~-64);
15      }
16  }
```

```
C:\Program Files\Xinox Sof
-256
4
4
1073741820
2
30
28
63
Press any key to continue...
```

图 2.21 位运算程序及编译运行结果

位运算与逻辑运算有着明显的区别：

对于逻辑运算而言，参与逻辑运算的每个变量都必须是逻辑值 true 或 false，运算结果也只能是 true 或 false。

对于位运算而言，参与位运算的每个变量都必须是整数。运算结果还是整数。

2.3.7 字符串相加运算

将两个字符串中的后一个字符串的内容追加到前一个字符串上，称之为字符串的相加运算，所使用的运算符为"＋"号。在这里"＋"的作用是追加字符串，并不是求和的意思。

例 2.20 编写一个字符串相加的程序（见图 2.22）。

```
StringPlusTest.java
1  class StringPlusTest
2  {
3      public static void main(String arg[])
4      {
5          String 姓="苏";
6          String 名="小妹";
7          System.out.println(姓+名);
8      }
9  }
```

```
C:\Program Files\Xinox Softw
苏小妹
Press any key to continue...
```

图 2.22 字符串连接程序及编译运行结果

运行程序，结果屏幕上打印出"苏小妹"三个字。

注意："＋"号既有加法功能，又有字符串连接功能。

2.3.8 条件运算

如果一个人 z 回家，走到一个岔路口，它会面临走哪条路的选择，假设只考虑远近，它会很快做出一个选择：对两条路 x、y 的长度比较一下，如果 x<y，则选择 x 路，否则

选择 y 路。比如 x 路离家 365 里、y 路离家 500 里。z 当然会选择 x 路。

如果将现实生活中的这一过程翻译为 Java 语言，则为 z=（x<y）? x : y;

在这条语句中，使用了条件运算符。其运算格式为：

变量=（判断标准）? 变量 1：变量 2

条件运算属于三目运算。

条件运算是一种简化了的判断语句。其中的括号可以省略，但为了程序的可读性，建议不省略。对于选择道路这一例子，它相当于下面的判断语句：

```
If （x>y）  z=x;
else       z=y;
```

◆ 例 2.21　编写一个程序，已知一个年龄值，打印出此年龄属于"成年人"还是"未成年人"。要求使用条件运算（见图 2.23）。

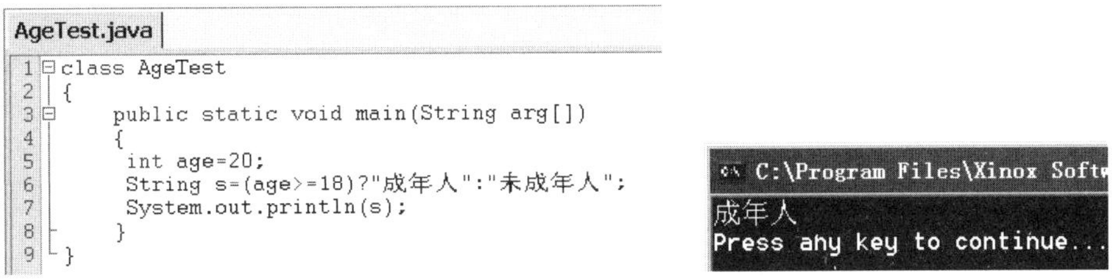

```
AgeTest.java
1 class AgeTest
2 {
3     public static void main(String arg[])
4     {
5      int age=20;
6      String s=(age>=18)?"成年人":"未成年人";
7      System.out.println(s);
8     }
9 }
```

```
C:\Program Files\Xinox Softw
成年人
Press any key to continue...
```

图 2.23　条件运算程序及运行结果

此例程序的第 6 行在声明变量时，直接使用了条件运算。

如果一个语句中有多个条件运算，则运算次序为从右到左。

◆ 例 2.22　编写一个包含多个条件运算的程序（见图 2.24）。

例如：

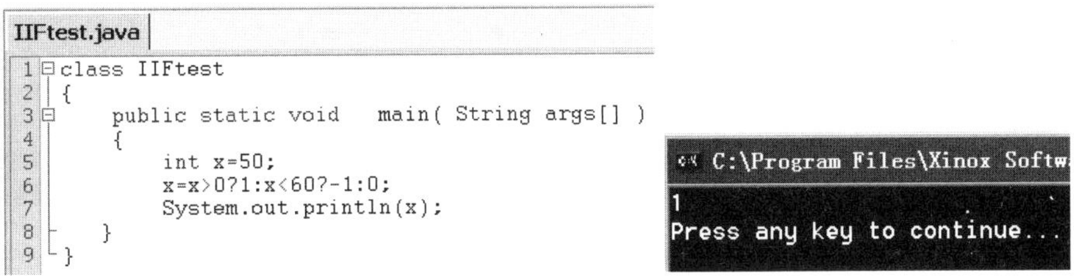

```
IIFtest.java
1 class IIFtest
2 {
3     public static void   main( String args[] )
4     {
5         int x=50;
6         x=x>0?1:x<60?-1:0;
7         System.out.println(x);
8     }
9 }
```

```
C:\Program Files\Xinox Softw
1
Press any key to continue...
```

图 2.24　多条件运算程序及运行结果

图 2.24 的第 5、6 行语句相当于：

```
int x=50;
y=（ x < 60） ? -1 ： 0;   //第 6 行语句的后半部。
x=（ x > 0） ? 1 :y;
```

2.3.9　运算符的优先级

"先算乘除后算加减"意思是运算符间存在运算的先后顺序。在进行复杂运算时，要按运算符的优先顺序由高到低进行。总的先后顺序见表2.6。

表 2.6　各种运算符的优先级

运算类型		级别	符号
标识号		高	.　[ ]　（ ）　–（负号）
单目运算			++　--　!　~
双目运算	算术运算		★　/　%　+　–
	位移运算		>>　>>>　<<
	比较运算		>　<　>=　<=　==　!=
	位运算		&　^	
	逻辑运算	低	&　&&	||　^
三目运算			?:
赋值运算			=　★=　/=　+=　–=　&=

由此顺序可见，当遇到多种类型运算符时，总体上看，优先级顺序是单目运算、双目运算、三目运算。这一顺序非常明显。

因此，应将掌握重点放在双目运算的顺序方面。

◆ 例 2.23　编写一个包含多种运算符的程序（见图 2.25）。

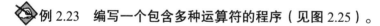

```
OptLevelTest.java
1  class OptLevelTest
2  {
3      public static void   main( String args[] )
4      {
5          int x=100;
6          int y=x==2*4>>~-2?100:250;
7          System.out.println(y);
8      }
9  }
```

```
C:\Program Files\Xinox Softw
250
Press any key to continue...
```

图 2.25　包含多种运算符程序及运行结果

注：图 2.25 所示程序的第 6 行用了很多种运算符，应根据表 2.6 将其逐步简化

（1）本例中，最高级别为负号，其次为单目运算按位取反～。~-2 值为 1。于是，此句可改为　int y=x=　=2*4>>1?100:250。

（2）经过一步简化后，最高级别的运算为 *，之后是 >>。2*4>>1 结果为 4，于是，此句可改为　int y=x=　=4?100:250。这原来是一个三目运算式！

（3）给三目运算式加上括号：int y=（x=　=4）?100:250。

（4）依据三目运算规则，显然 y=250。

　　由图 2.25 所示程序可知，没有括号的复杂算式很难在短时间内得到正确的理解。因此，建议在复杂运算过程中，多使用小括号（），以使运算的前后顺序简单清楚。

　　比如，图 2.25 所示程序的第 6 行可改为：

int y=（　x==（2*4>>~-2）　）？100∶250；

　　由上可见，虽然大家对优先级比较熟悉，但还是不能忽视，它是程序设计的基础。

第 3 章　程序控制与数组

道路交通是复杂的，有笔直的大路，但更多的是交叉路口、环岛和立交桥。车辆要达到目标，中间走的一般不是直线。

程序就如同为用户建立了一个走向任意方向的交通网。程序涵盖的功能越多，程序的"交通网"就越复杂。

在现实生活中，可以通过红绿灯、标志牌等控制交通，以便用户走到正确的目的地。在程序中，同样需要具有类似功能的语句，这类语句称为程序控制语句。

3.1　程序结构种类

交通中有直线行驶，但更多的是遇到岔路口选择其一，遇到立交桥可能要转圈。在开车上路前，首先需要了解道路的各种结构。同样，在了解程序的控制语句之前，首先需要了解程序的结构。

程序的结构共有三种（见图 3.1）。

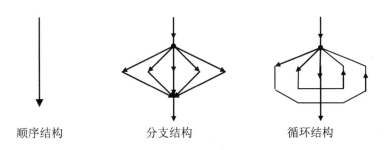

顺序结构　　　　　　分支结构　　　　　　循环结构

图 3.1　程序的三种结构示意图

（1）顺序结构：如同开车直行。如果有一段程序完全按照语句顺序执行，则这段程序的结构被称为顺序结构。它是最简单的一种结构。

（2）分支结构：如同遇到多叉路口选路，如果有一段程序包含几小段程序，根据不同情况执行不同的小段程序。则这段程序的结构就称为分支结构。

分支结构又可分为两种类型：判断结构、选择结构。

（3）循环结构：最典型的是红绿灯，依次亮灯，循环不止。面对再复杂的立交桥，车也不会总绕圈，总能找到正确的出口。有些程序段也可能多次重复执行某些语句，直到某种条件成立后才继续向下执行，则这段程序的结构就称为循环结构。

比如开机密码，总要求输入，直到正确，才进入正式界面。

3.2 判断结构

前面我们已经用过判断语句了。判断语句是程序中常用的一种语句结构。它根据程序运行出现的不同情况使程序执行不同的语句。

判断语句有三种语句结构形式：基本判断结构、简单结构、多重判断结构。

3.2.1 基本判断结构

图 3.2 是基本判断结构示意图，示意图中的"………"表示程序语句，灰色区域表示判断结构，箭头代表程序执行顺序。

由图 3.2 可见，基本的判断结构有两个分支。一个是当判断条件成立时，执行紧随 if 语句之后大括号内的语句组（专业术语叫程序块）；如果判断条件不成立，则执行 else 语句后大括号内的程序块；不论执行哪个程序块，执行完毕，都继续执行判断结构之后的程序。

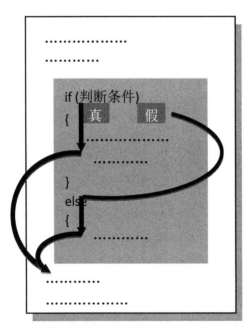

图 3.2 基本判断结构

例 3.1　编写一个包含基本判断结构的程序（见图 3.3 ）。

```java
class IfTest1
{
    public static void main(String args[])
    {
        int age=18;

        if(age>=70)
        {
            System.out.println("老年人");
        }
        else
            System.out.println("非老年人");
    }
}
```

图 3.3　基本判断结构程序示例

在这个程序中，条件成立时，则执行大括号中的第 9 条语句，否则，执行第 12 条打印输出语句。后者没有使用大括号，主要是为了对照说明：在判断结构中，如果程序块中只有一句，则没有必要使用大括号。如果有两句或更多，则必须使用大括号。

3.2.2　简单判断结构

由图 3.4 可以看出，简单判断结构的程序执行顺序为：如果判断条件成立，则执行 if 语句后面的程序块，如果不成立，则会跳出判断结构，直接执行判断结构之后的程序语句。

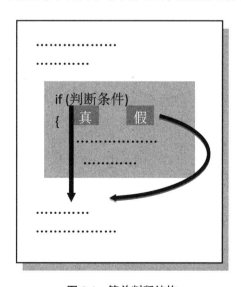

图 3.4　简单判断结构

例 3.2　编写一个包含简单判断结构的程序（见图 3.5）。

```
C:\Program Files\Xinox Softw
age=16
Press any key to continue...
```

```
IfTest2.java
 1  class IfTest2
 2  {
 3      public static void main(String args[])
 4      {
 5          int age=16;
 6          System.out.println("age=" + age);
 7
 8          if(age>=18)
 9              System.out.println("成年人");
10      }
11  }
```

```
C:\Program Files\Xinox Softw
age=20
成年人
Press any key to continue...
```

图 3.5　简单判断结构程序示例

运行程序，会得到图 3.5 右上侧所示的结果，如果将程序中的 16 改为 20，再编译运行，则会得到图 3.5 右下侧所示的结果。由两个结果可以看出，单行判断语句中，如果条件为假，则不执行判断结构内的任何语句。

要想知道如何"不通过程序直接给出 age 的值，而是通过用户在程序运行时随意输入一个值"，需要以后的知识，比如可以使用第 5 章和第 7 章的知识实现此种功能。

3.2.3　多重判断结构

对于多重判断结构，其程序结构中的语句往往很多，也很长。它包含多个分支，形成了图 3.6 所示的一个较复杂的程序块。多重判断结构执行顺序为：

（1）先执行判断 1（即第 1 个 if 语句）。如果判断 1 成立，执行判断 1 后面的程序块，然后跳出多重判断结构，执行多重判断结构之后的语句。

（2）如果判断 1 不成立，则转去执行判断 2（即第 1 个 else if 语句）。如果判断 2 成立，则执行判断 2 后面的程序块，然后跳出多重判断结构，执行多重判断结构之后的语句。

（3）如果判断 2 不成立，则转去执行判断 3（即第 2 个 else if 语句）。如果判断 3 成立，则执行判断 3 后面的程序块，然后跳出多重判断结构，执行多重判断结构之后的语句。

如果还有判断 4、判断 5……判断 n 等，也遵循同样规则。总之，不论执行了其中哪个语句组，都会跳出多重判断结构，转去执行多重判断结构之后的语句。

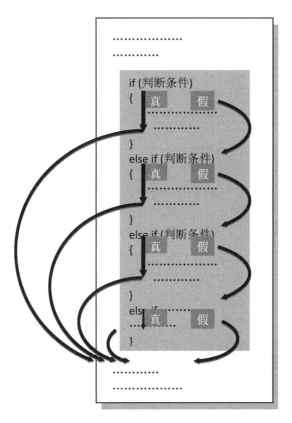

图 3.6　多重判断结构程序块示意图

由图 3.6 可见，不论结构多长多复杂，程序在此结构中只走其中某条路线，绝不重复。多重判断语句实际上是多选一型结构，即列出了很多判断条件，哪个符合，就执行哪个判断语句下面的程序块，然后跳出，继续执行多重循环之后的语句。

◆ **例 3.3　编写一个包含多重判断结构的程序（见图 3.7）。**

```java
class IfTest3
{
    public static void main(String args[])
    {
        int age=15;
        System.out.println("age="+age);

        String s="";
        if     (age>=70)  s="老年人";
        else if(age>=40)  s="中年人";
        else if(age>=18)  s="青壮年";
        else if(age>=0 )  s="少儿  ";
        else              s="不可能";

        System.out.println(s);
    }
}
```

```
C:\Program Files\Xinox So
age=15
少儿
Press any key to continue...
```

```
C:\Program Files\Xinox So
age=20
青壮年
Press any key to continue...
```

图 3.7　判断结构用法示例程序

编译运行图 3.7 左侧所示的程序，会看到右上角所示的结果，如果将程序的第 5 行的 15 改为 20，再编译运行，就会看到右下角所示的结果。由此可知，不论 age 是什么值，只执行多重判断结构中的某一个判断中的语句。

由本图还可以看出，最后一个"否则"可使用 else，表示其他任何情况，而不用 else if。如果最后也使用 else if，则有可能遗漏某些范围。

3.2.4 判断语句的用法总结

（1）判断结构由 if 开始，if 后面的括号内为判断条件逻辑表达式。

（2）If 语句结构中的关键字一定不能有任何大写，else if 不能写成一个词 elseif。

（3）判断两个值是否相等，if 后面的表达式一定不能用"="号，必须使用"=="号。第 2 章的例 2.18 就是很好的证明。不能用等号是因为它的作用是赋值，而不是比较。

（4）在简单的判断语句中，如果条件成立，则执行后面的语句，如果判断条件不成立，则什么也不做。在基本判断语句中，如果判断条件不成立，则执行 else 一词后面的语句。在多重判断语句中，如果判断条件不成立，则向下接着判断，满足哪个 else if 条件，则执行其对应的语句，如果都不成立，则只好执行 else 对应的语句了。

（5）如果执行语句只有一条，则没有必要使用大括号，比如图 3.5 中的执行语句就没有使用大括号，但如果要执行的是一组语句，则这组语句必须用大括号括起来。

（6）最后一个 else 的意思是，如果以上判断都不成立，则执行 else 后面的语句。如果在最后一个 else 之前，各判断条件已包含了所有可能，就没有必要再使用最后的 else。

例 3.4 有三个任意整数，请从大到小排序并输出。

要对 n 个数值排序，肯定要通过判断，得出大小顺序。下面给出一个简单的排序示例程序见图 3.8。

程序分析：这有点像小朋友排队。最初是无序的，老师通过两两比较，较高的和较矮的互换，经过若干次互换后，最终达到排序的目的。

要将 x、y 值互换，需要使用以下三条语句：

```
temp=x;x=y;y=temp;
```

这三条语句中，使用了一个临时变量 temp。习惯上将临时变量命名为 temp，它是 temporary 的缩写，中文意思为"临时的"。

三个语句的意思是：先让 temp 记住 x 的值，然后让 x 得到 y 的值，再让 y 得到 temp 值（即原来的 x 的值），于是 x、y 的值互换了。

根据上述分析，即可完成三个数由大到小排序的设计（见图 3.8）。

MySort.java

```
1  class MySort
2  {   public static void main(String args[])
3      {
4          int x=1, y=3, z=2, temp;
5
6          if(x<y){temp=x; x=y; y=temp;} //此行执行后x>=y
7          if(x<z){temp=x; x=z; z=temp;} //此行执行后x>=z
8                                        /*经过两次比较互换,
9                                        x比yz都要大, 即最大的 */
10         if(y<z){temp=y; y=z; z=temp;} //此行执行后y>=z
11
12         System.out.println(x+" "+y+" "+z);
13     }
14 }
```

```
C:\Program Files\Xinox Softw
3 2 1
Press any key to continue...
```

图 3.8　三个数的排序程序及编译运行结果

注意：第 12 行语句中“＋”号的作用是字符串连接，它将 x、y、z 和两个空格连成一个字符串。

由图 3.8 可以看出：

①判断语句后如果要执行的是多条语句，就一定要用大括号将这些语句括起来。

② Java 和 C 语言一样，一行中可以存放多条语句，一条语句如果太长，也可以写成多行。

③程序中语句后面的以双斜杠开头的语句为注释语句。

3.2.5　注释语句

图 3.8 所示的程序中有三行以双斜线“//”开始的语句。“//”是程序注释的开始标记，它用于表明其后的本行内的内容为说明性文字，在程序中加上说明性文字只是为了使程序更容易阅读理解。这些文字在程序编译运行时会被忽略。

图 3.8 的第 8、9 行，还用了另一种程序注释标记符“/* …… */”。这种标记符必须成对使用。它的用法更灵活：它可以从程序的任何位置开始，在任何位置结束。两对符号间可以是任何注释内容。

这种标记符主要用于多行注释。图 3.9 是多行注释语句的一个示例。

```
1 /* for语句示例
2  * 2006.1.1
3  */
4 public class ForExample
5 {
6     public static void main(String args[])
7     {
8         int i=0;       //循环变量
9         for (i=0; i<2; i++)
```

图 3.9　多行注释语句示例程序片断

3.3　选择结构

选择结构是一种特殊的判断结构，只不过选择结构没有判断结构常用。

3.3.1　什么是选择结构

选择结构类似于多重判断结构，见图 3.10（a）图和（b）图。

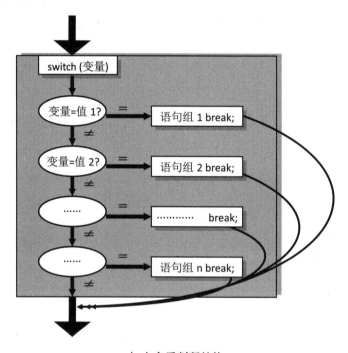

（a）多重判断结构

```
.........
switch (变量)
{       case  值 1：{ 要执行的语句组 1 }   break;
        case  值 2：{ 要执行的语句组 2 }   break;
        case  值 3：{ 要执行的语句组 3 }   break;
        ................................   break;
        default:    { 要执行的语句组 n }   ;
}
.........
```

（b）

图 3.10　选择结构示意图

通过图 3.10 可以看出，尽管图很复杂，但程序执行选择结构时，只走其中某一个路线，绝不重复。比如变量等于值 2，则会执行语句组 2，执行完毕，会转到选择结构之外。

3.3.2　选择结构示例

例 3.5　**编写一程序，将一笔钱数中的分位数字转为相应的汉字。例如将 1023.45 中的 5 转为汉字的"伍分"。**

程序分析：

财务管理过程中经常会用到从数字金额到汉字金额的表示转换。比如有一笔钱数额为：1023.45，转为汉字应是："壹仟零贰拾叁元肆角伍分"。使用选择结构很容易实现这一转换过程。

要将分位数字转为汉字表示，首先需要将分位数字从一个数中分离出来。然后再根据这个分位数字是几，选择相应的汉字。

示例程序及运行结果参见图 3.11。

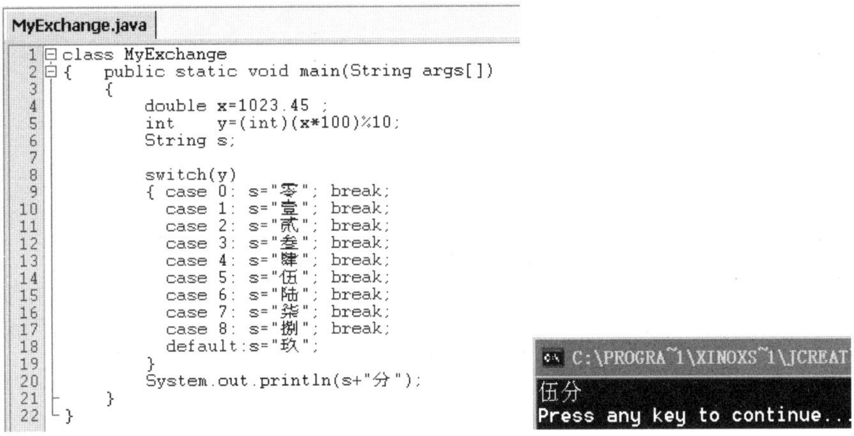

```
MyExchange.java
 1  class MyExchange
 2  {   public static void main(String args[])
 3      {
 4          double x=1023.45 ;
 5          int    y=(int)(x*100)%10;
 6          String s;
 7
 8          switch(y)
 9          { case 0: s="零"; break;
10            case 1: s="壹"; break;
11            case 2: s="贰"; break;
12            case 3: s="叁"; break;
13            case 4: s="肆"; break;
14            case 5: s="伍"; break;
15            case 6: s="陆"; break;
16            case 7: s="柒"; break;
17            case 8: s="捌"; break;
18            default:s="玖";
19          }
20          System.out.println(s+"分");
21      }
22  }
```

```
C:\PROGRA~1\XINOXS~1\JCREAT
伍分
Press any key to continue...
```

图 3.11　选择语句示例程序及运行结果

由图 3.11 可以看出：

（1）y 通过运算，已经得到钱数中的分位值。

（2）选择语句类似多重判断语句。

（3）选择语句的结构是 switch(变量){ …… }。在块内，每行开始是"case 某个具体值"，然后加冒号，之后是要执行的语句，每个选择语句后必须用 break 语句，才能跳出选择结构。break 语句的意思是执行完此句后，跳过后面的选择语句，结束选择。

（4）default 语句用于处理未列举出的可能情况。如果不想处理没有列出的情况，或所有可能已经列举完毕，则可以不用 default 语句。

default 语句可以放在结构体内任意位置，其后不必用 break 语句，位置的改变不影响运行结果。

注意：如果某一个满足条件的选择语句结束时，其后没有 break 语句，则会忽略后面

所有的判断而执行其后的所有语句，直到遇到 break 语句。比如，在图 3.11 中，如果将"伍"字后面的 4 个 break 语句都删除，则程序会一直执行到结构体结束，结果 s 为"玖"。

3.3.3 选择结构注意事项

（1）Switch 参数必须是 byte、char、short、int 四种类型的变量。

（2）case 子句中的值，必须是 byte、char、short、int 四种类型的常量。

注意：case 子句中的值不能是 Long 型数值、不能是浮点型数值、不能是任何类型的变量。

（3）所有 case 子句中的值应是不同的。

（4）多个不同的 case 值如果要执行相同的操作，则只应在最后一个 case 子句结束时，使用 break 语句。

3.4 循环结构

所谓循环，就是多次重复执行一组程序语句，直到满足终止条件为止。

循环结构是程序中一种重要的基本结构，是指在一定的条件下反复执行某段程序，被反复执行的这段程序称为"循环体"。

循环有三种形式：while 循环、do-while 循环和 for 循环。

3.4.1 while 循环

while 循环的功能是，当某种条件满足时，总执行某种语句。比如赛车游戏，当车没有遇到障碍物时，总可以执行前行命令。只有当条件不满足时，才结束循环，继续执行循环结构之后的语句（见图 3.12）。

图 3.12　while 循环语句示结构

图中的粗线条很清楚的表明 while 循环体的工作原理。

从图中可以看出，每次循环开始前，都会进行一次"是否符合循环条件"的检查。当条件为假时，将不执行循环体，直接执行循环体后的语句；当条件为真时，便执行循环体。循环体执行完毕，会回到循环开始处，重新进行"是否符合循环条件"的检查。当条件为真时，便继续执行循环体，直到条件为假才结束循环。

循环体有可能一次都不执行。

例 3.6　用程序计算 1+2+ …… +10（即 1 到 10 以内的整数和）（见图 3.13）。

```
WhileTest.java
 1  class WhileTest
 2  {   public static void main(String args[])
 3      {
 4          int i=0;
 5          int s=0;
 6
 7          while(i<10)
 8          {
 9              i++;
10              s+=i;
11          }
12          System.out.println(s);
13      }
14  }
```

```
C:\Program Files\Xinox So
55
Press any key to continue...
```

图 3.13　while 循环示例程序及编译运行结果

图 3.13 的第 9 行用了"＋＝"，即每执行一次，s 增长 i，比如 s=10，i=5，此句执行后，s 值增长为 15。

在此例中，while 条件为 i<10。即当循环到 9 时，还允许循环，循环体内执行 i++; 后 i 为 10，然后 10 被加到结果中。再次循环时，i ＝ 10 已经不满足条件了，循环就此停止。

3.4.2　do-while 循环

do-while 循环与 while 循环的不同在于：它先执行循环中的语句，然后再判断条件是否为真，如果为真则继续循环；如果为假，则终止循环，继续向下执行。因此，do-while 循环至少要执行一次循环语句（见图 3.14）。

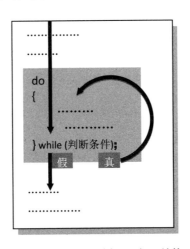

图 3.14　do-while 循环语句示结构

图中的粗线条很清楚地表明 do…while 循环体的工作原理。

◇例 3.7　某人借了银行 10000 元钱，每月还 900 元（当然最后一次可能正好还清，也可能不到 900 元就还清了），计算多少个月才能还清（见图 3.15）。

```
DoWhileTest.java
 1  class DoWhileTest
 2  {
 3      public static void main(String args[])
 4      {
 5          int lend=10000, times=0;
 6          do
 7          {
 8              lend-=900; times++;
 9
10          }while(lend>0);
11
12          System.out.println(times);
13      }
14  }
```

```
C:\Program Files\Xinox So
12
Press any key to continue...
```

图 3.15　do-while 循环程序示例

由程序可以看出，do-while 结构的特点是先执行循环块内的语句，再判断是否满足条件，不满足则终止循环。也就是说，对于这种循环，块内语句至少执行一次。

这个结构很适用于还钱，要还清钱，不论多少，至少需要一次还的过程。

注意：

下面的两句是错误的（考试点）：

if（1）{….. }

int x=1; while（x）{……}

程序员的本意也许是 if(true)或 while(true)。但 Java 不是 C 语言，1 或 0 也不是逻辑值。Java 不允许判断条件不是逻辑值。

3.4.3　for 循环

for 循环是三个循环结构中使用最广泛的一种。for 循环和 while 循环在工作原理上很类似（见图 3.16）。

图 3.16　for 循环语句示结构

例 3.8　使用 for 循环计算 1+2+ …… +10，即 1 到 10 的整数和（见图 3.17）。

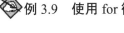

```
ForTest.java
 1  class ForTest
 2  {   public static void main(String args[])
 3      {
 4          int n=0;
 5
 6          for(int i=1;i<=10;i++)
 7          {
 8              n+=i;
 9          }
10          System.out.println(n);
11      }
12  }
```

图 3.17　for 循环程序示例 1

如果将 n=0 改为 n=1，n+=i 改为 n*=i，则能计算出 1*2*…10，即 10 的阶乘。

由此程序可以看出：for 循环是最简捷的循环结构。但 for 结构的判断条件是最复杂的，它由三部分组成，三部分之间用分号分隔开。一般格式为：

for（循环初始值；循环终止值；每次增长值）

例 3.9　使用 for 循环计算 1+3+ …… +9，即 10 以内的奇数和（见图 3.18）。

```
ForTest2.java
 1  class ForTest2
 2  {   public static void main(String args[])
 3      {
 4          int n=0;
 5
 6          for(int i=1;i<=10;i+=2)
 7          {
 8              n+=i;   //n每次增加i
 9          }
10          System.out.println(n);
11      }
12  }
```

图 3.18　for 循环程序示例 2

注意：

（1）for 括号内的初值 / 终值可以是多个语句。

如果初始值或每次增长值位置处要写多个语句，则需要使用逗号将各语句分开，不能用分号。

例如：for（i=0,j=0; i<=100; i++, j-- ）{……}

（2）for 括号内的判断条件可以是多个语句。

如果判断条件是多个语句，则需要使用逻辑符号将各句联系起来。不能用其他符号。

例如：for（i=0; i<=100 & n<=1000; i++ ）{……}

3.4.4　关于步长

对于 for 循环，每次增长值又叫"步长"。步长也可以是负数。

例 3.10   假设步长为 -3，计算 1~100 之间的循环次数（见图 3.19）。

```
ForTest3.java
 1  class ForTest3
 2  {
 3      public static void main(String args[])
 4      {
 5
 6          int n=0;
 7          for (int i=100;i>0;i-=3)
 8          { n++;
 9          }
10
11          System.out.println(n);
12      }
13  }
```

```
C:\Program Files\Xinox S
34
Press any key to continue...
```

图 3.19   步长为负的 for 循环程序示例

注意：对于循环终止值，i>0 和 i>=0 是不一样的，它会影响到循环次数。即：

（1）如果不含等号，则循环次数为：（终值－初值）/ 步长。

（2）如果包含等号，则循环次数为：（终值－初值）/ 步长＋ 1。

例如：

图 3.17 所示的程序循环次数应为（10 － 1）/1+1=10 次。

图 3.19 所示的程序循环次数应为（0 － 100）/3≈33.3=34 次。

由此可见，如果循环次数计算结果中包含小数，则不论小数大小，都要进位，即循环次数加 1。

准确地把握循环次数非常重要，循环就如同给病人输液，多输一次可能要命，少输了又救不了命。

一般情况下，for 循环的次数是已知的、可计算出的，而 While 结构的循环次数一般是不确定的。所以，两者各自的应用场合不同：如果循环次数已知，则可用 for 循环，如果循环次数未知，则应使用 while 循环。当然，这种说法也不是绝对的。例如：图 3.19 的 for 循环可以改为 while 循环（见图 3.20）。

例 3.11   将图 3.19 的 for 循环程序改为 while 循环程序。

```
ForToWhile.java
 1  class ForToWhile
 2  {
 3      public static void main(String args[])
 4      {
 5          int n=0;
 6          int i=100;
 7
 8          while(i>0)
 9          {   n++;
10              i-=3;
11          }
12          System.out.println(n);
13      }
14  }
```

```
C:\Program Files\Xinox S
34
Press any key to continue...
```

图 3.20   for 循环改为 while 循环示例

3.5　结构嵌套

以上介绍了三种程序结构：判断、选择、循环。这三种结构都支持嵌套使用。所谓嵌套，就如同树的年轮一样，允许在一个大的程序结构中，还存在更小范围的程序结构。

3.5.1　嵌套规则

结构嵌套的规则很简单：

（1）允许多层嵌套，嵌套层数没有限制。

（2）内外结构不允许交叉。

图 3.21 是一个正误嵌套比较图。

正确	错误

do
{
………
if（…）
{
………
}
} while（…）
	do
	{
	………
	if（…）
	{
	………
	} while（…）
	}

图 3.21　正确和错误的嵌套比较

如果出现图 3.21 所示的错误结构，肯定无法通过编译。

在图 3.21 的错误示例中，如果将 do…while 结构换成 while 结构，则即使出现交叉嵌套，也无法看出。并且编译能通过，但结果肯定是一塌糊涂。因此，应养成程序分层缩进的良好书写习惯，以免此类问题的发生。

初学 Java 的人最易犯的错误是漏写结构结束大括号。分层缩进的良好书写习惯能够使初学者很容易看清程序结构，发现未写的大括号。

◆ 例 3.12　编写乘法口诀表输出程序，以巩固嵌套规则方面的知识（见图 3.22）。

```
My99.java

 1  class My99
 2  {   public static void main(String args[])
 3      {
 4          for(int i=1;i<=9;i++)          //打印i行(1-9)行
 5          {   for(int j=1;j<=i;j++)      //每行打印i个乘式
 6              {
 7                  System.out.print(i+"x" +j+"="+i*j+"\t");
 8              }
 9              //循环结束后，一行乘法表打印完毕
10              System.out.print("\r\n"); //另起一行
11          }
12      }
13  }
```

图 3.22　循环嵌套程序示例——乘法口诀表输出程序

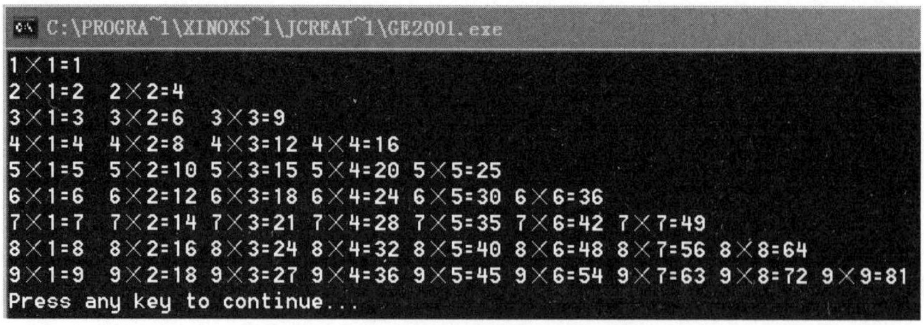

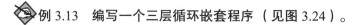

图 3.23 乘法口诀表程序运行结果

程序分析：

① print 和 println 不同，print 只输出文字，并不自动回车换行，以后的程序输出将接续显示。

②此程序中存在一个结构嵌套，即大 for 循环套小 for 循环。

③ i,j,k，等变量名，一般情况下，在程序中只用作循环变量，没有特殊意义。x,y,temp 等变量名习惯上只用作临时变量。应注意这一编程习惯。

◇ 例 3.13　编写一个三层循环嵌套程序（见图 3.24）。

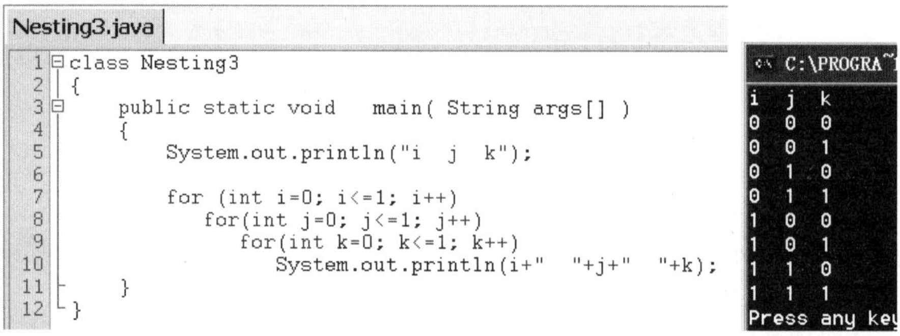

```
class Nesting3
{
    public static void    main( String args[] )
    {
        System.out.println("i   j   k");

        for (int i=0; i<=1; i++)
            for(int j=0; j<=1; j++)
                for(int k=0; k<=1; k++)
                    System.out.println(i+"   "+j+"   "+k);
    }
}
```

图 3.24　三层循环嵌套程序示例

由程序结果可以看出，总体上，i 循环执行了两次。i 每循环一次，j 循环要运行两次。j 每循环一次，k 循环要运行两次。

本例旨在让读者尝试阅读比较复杂的程序，刚开始接触这类程序时，可能不容易接受，但只有看懂了这类程序，才能对程序有更深的感悟。

当然，并不是所有程序的结构都这样复杂。

3.5.2　break 语句

break 语句除了在选择结构中用于退出某个分支外，还可以用在循环结构中，用于中止循环。

◆例 3.14　**计算** 5！（即 1*2*3*4*5），**要求用到** break **语句**（见图 3.25）。

```
BreakTest.java
 1  class BreakTest
 2  {    public static void main(String args[])
 3      {
 4          int i=1;
 5          int n=1;
 6
 7          while(true)
 8          {
 9              n*=i;
10              i++;
11              if (i>5) break;
12          }
13          System.out.println(n);
14      }
15  }
```

```
C:\PROGRA~1\XINOXS~1\JCREAT
120
Press any key to continue...
```

图 3.25　break **示例程序及运行结果**

本例中，while（true）的意思是条件永远满足，和 for（；；）的意思一样，都是永远循环的意思。

如果循环条件永远成立，就必须在循环结构中使用 break 语句，中途跳出循环，提前结束循环。否则，循环就会无止境地执行下去，造成"死循环"。

3.5.3　continue 语句

continue 语句仅用于循环结构中。其作用为提前结束本轮循环（即不再执行 continue 语句之后循环结构内的语句），立即进行下一个循环。心脏早搏可以理解为 continue 在作怪。

continue 一般和 if 语句配合使用。图 3.26 可以辅助读者更好地理解 break 和 continue 语句的区别。

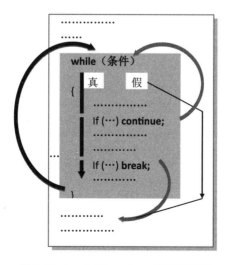

图 3.26　break **和** continue **作用示意图**

◈ 例 3.15　输出 10 以内的奇数，要求用到 continue 语句（见图 3.27）。

```
ContinueTest.java

1  class ContinueTest
2  {
3      public static void main(String args[])
4      {
5          int n;
6          for(n=1;n<=10;n++)
7          {
8              if (n%2==0) continue;
9              System.out.println("n="+n);
10         }
11     }
12 }
```

```
C:\Program Fi
n=1
n=3
n=5
n=7
n=9
Press any key t
```

图 3.27　continue 作用示例程序

程序分析：

在图 3.27 所示的程序中，n%2 起着关键作用，当 n 循环值为偶数时，n%2 值为 0，故 continue 语句被执行，continue 执行的结果是直接返回到了循环开始处，打印输出语句被跳过，因而，在输出结果中，永远不会见到偶数。

注意：判断语句中使用的是双等号，一定不能写成赋值用的单等号。

3.5.4　循环标号

break "单兵作战"，一次只能跳出本循环结构，如果想跳到多层循环的嵌套结构的最外层，就需要在每层都使用一个 break 语句。费时费力。

使用标号语句再配合 break 语句，可一次跳出多层循环的任意一层。使用标号语句配合 continue 语句，可一次跳到多层循环的任意一层开始处（继续下一个循环）。

◈ 例 3.16　假设年利率为 3%，现在存 100 元，问多少年后钱可以翻倍（见图 3.28）。

```
LabelTest.java

1  class ContinueTest
2  {
3      public static void main(String args[])
4      {
5          double n=100;
6          int i=0;
7
8          hh:
9          while(true)
10         {   for(;;)
11             {   n*=1.03;
12                 i++;
13                 if (n>=200) break hh;
14             }
15         }
16         System.out.println(i);
17     }
18 }
```

```
C:\Program Fil
24
Press any key to
```

图 3.28　标号和 break 配合使用示例程序

在图 3.28 中，使用了标号 hh，它标明的是第 9～15 行 while 循环程序块。有了这个标号，当第 13 行判断条件满足时，就会执行 break hh 语句，程序就会不再执行循环，一直跳出到 hh 标号语句所标明的循环之后，即跳至第 16 行。

◈ **例** 3.17　**试将图 3.28 示例改为标号与 continue 配合使用的例子（见图 3.29）。**

```
LabelTest2.java

 1   class ContinueTest2
 2   {
 3       public static void main(String args[])
 4       {
 5           double n=100;
 6           int i=0;
 7
 8           hh:
 9           while(n<200)
10           {   for(;;)
11               {   n*=1.03;
12                   i++;
13                   continue hh;
14               }
15           }
16           System.out.println(i);
17       }
18   }
```

图 3.29　标号和 continue 配合使用示例程序

注意：图 3.29 中，第 12、13 行不可以互换，否则就会造成死循环。

3.5.5　关于 goto

goto 是 Java 的保留字，但 Java 没有给这一词规定任何功能，因此，goto 是一个不允许使用的保留字。也就不能像 C、VB 等语言那样用于程序控制。

和 C++、VB 等语言相比，Java 没有了 goto 语句，其程序的可读性得到很大增强，并防止了因 goto 语句产生的不可控因素。

3.6　数　组

如果一个班有 50 人，每个人的姓名用一个字符变量表示，则需要声明 50 个变量，那样的话，程序就显得太啰嗦了，使用数组会使这一问题迎刃而解。

所谓数组（Array），就是将一些类型相同的变量用同一个名字但不同的编号，一次将它们定义完成。

3.6.1　创建数组

创建数组需要三个过程。

1. 声明数组

声明数组的语法为：数据类型 []　数组名；也可以用"数据类型　数组名 [];"这种格式是 C 语言的声明格式。但我们更推荐使用黑体的声明格式，例如：int[] sName; 这种格式使人一看便知是声明一个数组，而不至于看到语句的最后才知道它声明的不是一个整数而是一个数组；再一个推荐原因是黑体声明格式和人的思维是一致的，可以很容易地读为"我要声明一个整型数组，名为 sName"。

声明数组后，Java 并没有真正为数组建立存放数据的内存空间，因为 Java 这时并不知道要存放多少数据。就如同我想盖房，但在还没有想好要盖几间房时，是无法施工的。Java 必须在指定数组元素个数后，才能真正为数组分配存储空间。

2. 创建数组空间

创建数组的语法为：数组名 =new 数组元素类型 [数组长度];

例如： int[] a;

　　　　a=new int[20];

创建数组空间的工作可以和声明数组的工作组合在一起，用一条语句来实现。如：int[] a= new int[20];

指定数组 a 元素个数的过程，实际上是告诉 java 在程序运行时，应为数组 a 在内存中开辟 20 个整型数据的内存空间。

3. 为数组赋值

数组元素个数确定以后，就可以为数组中的某个元素或全部元素赋值。应根据每个数组元素的编号 (专业术语叫下标) 来赋值。注意：数组元素的下标是从 0 开始而不是从 1 开始。这一规定任何时刻都不能改变。例如，数组 a 的第一个元素是 a[0]，而不是 a[1]。

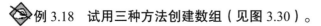 例 3.18　**试用三种方法创建数组（见图 3.30）。**

```
CreateArray.java
 1  class CreateArray
 2  {
 3      public static void main(String args[])
 4      {
 5          int[] a;                    //三步
 6          a=new int[20];
 7          a[0]=100;
 8
 9          int b[]=new int[20];    //两步
10          b[19]=0;
11          for(int i=0; i<b.length; i++)
12              b[i]=i*100;
13                                      //一步
14          String 职称[]={"教授","副教授","讲师","助教",""};
15          System.out.println(职称[5]);
16      }
17  }
```

图 3.30　数组声明及使用示例程序

在图 3.30 所示的程序中，第 15 行是错误的，因为"职称"数组只有 5 个元素，最后一个元素的下标为 4。对于这种错误，Java 编译时不能发现，但运行时会出错（见图 3.31），因为"职称 [5]"这个元素根本就不存在。

图 3.31 指出：出错原因是数组下标越界（Array Index Out Of Bounds），出错行为第 15 行。

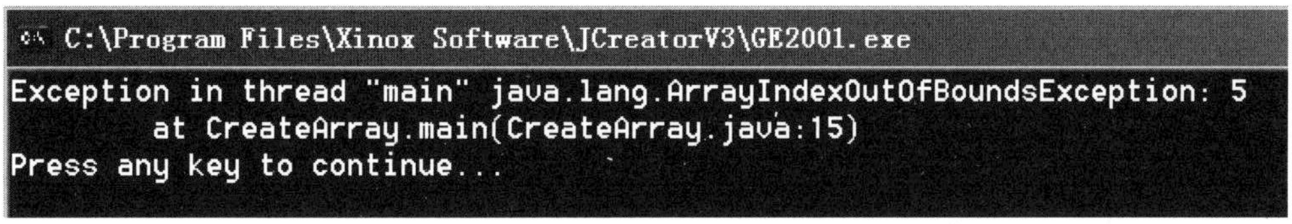

```
C:\Program Files\Xinox Software\JCreatorV3\GE2001.exe
Exception in thread "main" java.lang.ArrayIndexOutOfBoundsException: 5
        at CreateArray.main(CreateArray.java:15)
Press any key to continue...
```

图 3.31　数组使用越界后的运行错误画面

从示例中可以看出，创建数组有以下三种不同形式：

（1）三步：一是声明数组；二是指定数组元素个数；三是为数组中的元素赋值。

（2）两步：一是声明数组同时指定数组元素个数；二是为数组中的元素赋值。

（3）一步：如果每个数组元素数值已知，则可以通过一个语句完成创建和赋值过程。

3.6.2　声明数组注意事项

（1）要指定一个数组包含多少个元素，需要使用 new 一词。

（2）在使用 new 之前，即最初声明一个数组时，一定不能在 [] 中给出数字。

（3）元素个数一定为正整数。元素个数为零的数组没有任何意义，虽然可以通过编译，但无法使用。如果只有元素 a[0]，则数组 a 的元素个数为 1。

（4）数组的第一个元素的编号为 0，所以有 n 个元素的数组，其最后一个数的下标为 n-1。

（5）下标越界可以通过编译，但它会导致程序运行出错。这是一个考试重点。

3.6.3　数组的复制

实际程序编制过程中，经常用到将两个数组合为一个数组的操作。要实现这一功能，可以使用 arraycopy 方法。其命令格式为：

System . arraycopy（现有数组，起始位置，新数组，填写位置，复制个数）。

◆ 例 3.19　程序创建两个数组 a、b，并将两个数组中的数据，全部或部分复制到数组 c 中，然后打印出复制结果（见图 3.32）。

ArrayCopy.java

```
1  class ArrayCopy
2  {
3      public static void main(String args[])
4      {
5          int[] a={1,2,3,4};
6          int[] b={5,6,7,8,9};
7          int[] c=new int[8];
8
9          System.arraycopy(a,0,c,1,4);
10         System.arraycopy(b,1,c,4,3);
11
12         for (int i=0;i<c.length;i++)
13             System.out.print(c[i]);
14
15         System.out.println();   //换行
16      }
17 }
```

```
C:\PROGRA~1
01236780
Press any key
```

图 3.32　数组复制示例程序及运行结果

本程序中，使用了一个 c.length，length 代表数组元素个数。

程序分析：图 3.33 描绘了整个复制过程。

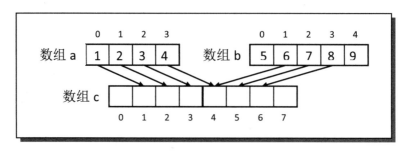

图 3.33　数组复制过程示意图

通过示意图可以看出：

（1）两个数组都在为 c[4] 赋值，后赋的值将覆盖以前赋的值。

（2）新数组（即目标数组）一定要有足够存储空间供填写（复制），否则运行时会出现越界错误。

（3）未赋值的整型数组元素的默认值为 0，这是 Java 的一个规则。

java 规定：数组在指定元素个数后，每个元素都自动生成一个默认值。

整型元素的默认值为 0；

实型元素的默认值为 0.0；

字符元素的默认值为 '\u0000'；

字符串元素的默认值为 ""（空串）；

布尔型元素的默认值为 false。

3.6.4　抽奖程序

通过数组，可以编写出二次随机抽奖程序。

◆ 例 3.20　假设 100 个人在等待抽奖，可以采用下述方法：生成 100 个 1-100 的随机整数，并将生成结果存储在一个数组中。随机抽取某个元素。并打印出其值，看是哪位（见图 3.34）。

```
RandomArray.java
1  class RandomArray
2  {
3      public static void main(String args[])
4      {
5          int[] a=new int[100];
6
7          for(int i=0;i<a.length;i++)
8              a[i]=(int)(Math.random()*100+1);
9
10         int x=(int)Math.random()*100;
11         System.out.println(a[x]);
12     }
13 }
```

图 3.34　随机抽奖程序

程序说明：

Math.random（）是一个固定写法，它能产生大于等于 0 且小于 1 的随机小数。因此，Math.random（）*100 能产生 0 ~ 99 的数。要产生 1 ~ 100 的数，需要通过 Math.random（）*100+1 产生。由此可解释第 8 行语句的意义。

在第 11 行中，数组 a 的下标是从 0 ~ 99，所以其下标变量 x 的值也只能为 0 ~ 99，即 Math.random（）*100。

对于这个程序，其运行结果是随机的。

3.6.5　多维数组

Java 不直接支持二维数组或多维数组，但它允许数组中的元素也是数组。这实际上等于 Java 不仅可以使用二维数组或多维数组，而且数组中的每个数组元素的个数还可以不同。由此可见，多维数组是由一维数组扩充而来。这种规则为编程提供了极大的灵活性。

1. 声明多维数组

多维数组在用 new 创建时，必须指出第一维数组的个数。如：

int[][] a=new int[3][ ];　创建一个二维数组 a，它有 3 个元素，每个元素都是一维数组，每个一维数组的元素个数待定。

int[][] a=new int[3][4];　创建一个二维数组 a，它有 3 个元素，每个元素都是一维数组，每个一维数组的元素个数为 4。即定义了一个 3 × 4 矩阵。

对于多维数组，必须先给最高维分配存储空间，然后再顺次为低维分配存储空间。这就如同大树一样，没有树枝，哪来树叶。

错误示例：int[][] a=new int[][4];

2. 为多维数组元素赋值

有多种方法可以为多维数组赋值。如逐个赋值、循环赋值、一次全部赋值等。

例 3.21 **举例说明多维数组的赋值方法（见图 3.35）。**

```
MultiArray.java
 1  class MultiArray
 2  {
 3      public static void main(String args[])
 4      {
 5          int[][] a=new int[3][];      //定义一个二维数组
 6
 7          a[0]=new int[2];       //第0个子数组包含二个元素
 8          a[0][0]=100;           //为第0个子数组所有元素赋值
 9          a[0][1]=200;
10
11          a[1]=new int[3];       //第1个子数组包含三个元素
12          a[1][0]=5;             //只给其中一个赋值
13                                 //第2个子数组没有指定元素数。
14
15          int[][] b={ {1,2,3} , {4}, {5,6,7,8} };
16
17          b=a;    //b和a是同一类型，因此，可以让a等于b
18                  //b"改嫁"了,原有赋值即告作废
19      }
20  }
```

图 3.35 多维数组赋值程序

说明：

（1）多维数组也可以使用循环声明所有子数组，或为某一个子数组的所有元素赋值。

（2）b=a；是正确的，一个数组名等于另一个数组的前提是：两个数组的数值类型、维数必须完全一致。即使一个 long 型数组名，也不能等于一个 int 型的数组名，即使两个数组的数据类型完全相同，二维数组名也不能等于一维数组名。

例 3.22 **编写程序，实现如下功能：**

①定义一个二维数组用于存储某个专业 4 个年级的学生名；

②大一年级共有 30 名学生，大二年级共有 35 名学生，其他年级的学生数暂不指定；

③将大一年级最后一个号码的学生的名字"张三"写入数组。（见图 3.36）。

```
StudentArray.java
 1  class StudentArray
 2  {
 3      public static void main(String args[])
 4      {
 5          String sName[][]=new String[4][];    //本专业有四个年级
 6          sName[0]=new String[30];             //大一30人
 7          sName[1]=new String[35];             //大二35人
 8          sName[0][29]="张三";                  //大一的30号学生名字为"张三"
 9      }
10  }
```

图 3.36 多维数组元素输出程序及运行结果（一）

例 3.23 举例说明多维数组元素的使用方法（见图 3.37）。

```
MultiArrayPrint.java
 1  class MultiArrayPrint
 2  {
 3      public static void main(String args[])
 4      {
 5          int[][] a={ {1,2,3} , {4}, {5,6,7,8} };
 6
 7          for(int i=0; i<a.length; i++)
 8              for(int j=0; j<a[i].length; j++)
 9                  System.out.println(a[i][j]);
10      }
11  }
```

图 3.37　多维数组元素输出程序及运行结果（二）

3.6.6　五连珠游戏

通过编写五连珠游戏，读者可以很好地体验多维数组在实际编程中的应用。

游戏规则很简单，即两人在 19×19 的围棋棋盘上轮流放子，最先摆成连续五个子的为赢家（连续方向可以是直线或 45 度斜线）。

还有一种玩法（本人发明的"新连连看"），就是先随机在 19×19 的围棋棋盘上放黑白子，然后大家争先查找黑或白五连珠（从最上一排找起），最早找到正确答案的为赢家（当然最厉害的是电脑）。

例 3.24　假设有一个 10×10 的棋盘，请随机用黑白棋子（即两个中文符号 ' ● ' 和 ' ○ '）将棋盘填满，并输出填充结果（见图 3.38）。

```
Chess1.java
 1  class Chess1
 2  {
 3      public static void main(String args[])
 4      {
 5          char chess[][]=new char[10][10];
 6
 7          for(int i=0;i<10;i++)
 8          {   for(int j=0;j<10;j++)
 9              {
10                  if((int)(Math.random()*2)==1)chess[i][j]='●';
11                  else                         chess[i][j]='○';
12
13                  System.out.print(chess[i][j]+" ");     //输出
14              }
15              System.out.println();      //换行
16          }
17      }
18  }
```

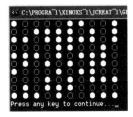

图 3.38　棋盘随机布子程序

程序分析：

（1）在本程序中，定义了一个 char 型三维数组。

（2）为了确定一个元素值为 '○' 还是 '●'，本程序使用了 Math.random（）。Math.random（）是一个固定写法，它的作用是得到一个大于等于 0 小于 1 之间的随机小数。Math.random（）*2 就会得到大于等于 0 小于 2 的随机小数。在第 10 行中，通过（int）标明，只取此数的整数部分，结果只能是 0 或 1 两个值。如果值为 1 则为元素赋黑子，反之赋白子。

（3）本程序采用了为某个元素赋值后立即打印出其值的方法。

◆ 例 3.25　在图 3.38 所示程序基础上，编写黑或白五连珠搜索程序（见图 3.39）。

说明：

（1）这个程序对于初学者来说过于复杂。因此，只建议有兴趣的读者参考。

（2）本程序仅为向右顺序搜索的程序，完整的四个方向搜索的程序见图 3.40。

图 3.40 所示的程序很复杂，但读者可以从随书光盘中打开此程序，然后编译运行，你会发现这个程序非常益智、非常有挑战性、越玩越有兴趣，尤其是几个人一起玩。

通过这一章大量的程序练习可以发现，Java 是一种强类型语言。它对数据类型、语法甚至文件名大小写等方面都有严格的规定，无论多么不起眼的问题，编译时都会不客气地提示出错，要求改正。这对初学者来说，显然会遇到较多的问题，有点不适应。一旦熟悉了 Java 的规定特性，就会欣赏到 Java "美丽" 的一面，正是因为 Java 编译器的严格审查，才使得 Java 写出的程序比其他语言在安全性和健壮性方面有很大提高。

```java
Chess2.java
1  class Chess2
2  {
3      public static void main(String args[])
4      {
5          char chess[][]=new char[10][10];
6          //=====================随机布子==================
7          for(int i=0;i<10;i++)
8          {   for(int j=0;j<10;j++)
9              {
10                 if((int)(Math.random()*2)==1)chess[i][j]='●';
11                 else                         chess[i][j]='○';
12                 System.out.print(chess[i][j]+" ");      //输出
13              }
14              System.out.println();
15          }
16          //=====================向右顺序搜索==================
17          char k='\u0000';
18  outer:  for (int i=0;i<chess.length;i++)
19          {   for (int j=0;j<chess[0].length;j++)
20              {   if(j+4<=9) //本子后面还有四子，才搜索
21                  {   k=chess[i][j];
22                      if( k==chess[i][j+1] && k==chess[i][j+2] &&
23                          k==chess[i][j+3] && k==chess[i][j+4] )
24                      {   //五个子相等
25                          System.out.println(i+"行"+j+"列") ;
26                          break outer;
27                      }
28                  }
29              }
30          }
31          //=====================================
32      }
33  }
```

图 3.39　单向版 "新连连看" 程序及运行结果

```
Chess3.java
1  class Chess3
2  {
3      public static void main(String args[])
4      {
5          char chess[][]=new char[10][10];
6          //=======================随机布子====================
7          for(int i=0;i<10;i++)
8          {   for(int j=0;j<10;j++)
9              {
10                  if((int)(Math.random()*2)==1)chess[i][j]='●';
11                  else                          chess[i][j]='○';
12                  System.out.print(chess[i][j]+" ");        //输出
13              }
14              System.out.println();
15          }
16          //====================向四个方向顺序搜索============
17          char k='\u0000';
18          boolean b=false;
19  outer:  for (int i=0;i<chess.length;i++)
20          {   for (int j=0;j<chess[0].length;j++)
21              {   k=chess[i][j];
22                  if( j+4<=9    //向右搜索
23                      && k==chess[i][j+1] && k==chess[i][j+2]
24                      && k==chess[i][j+3] && k==chess[i][j+4]
25                      ) b=true;
26                  if( i+4<=9    //向下
27                      && k==chess[i+1][j] && k==chess[i+2][j]
28                      && k==chess[i+3][j] && k==chess[i+4][j]
29                      ) b=true;
30
31                  if(  j>=4 && i+4<=9        //向左下方搜索
32                      && k==chess[i+1][j-1] && k==chess[i+2][j-2]
33                      && k==chess[i+3][j-3] && k==chess[i+4][j-4]
34                      ) b=true;
35
36                  if( j+4<=9 && i+4<=9       //向左下方搜索
37                      && k==chess[i+1][j+1] && k==chess[i+2][j+2]
38                      && k==chess[i+3][j+3] && k==chess[i+4][j+4]
39                      ) b=true;
40                  if (b==true)
41                  {    System.out.println("\n\n\n\n"+i+"行"+j+"列");
42                       break outer;
43                  }
44              }
45          }
46          //=================================================
47      }
48  }
```

图 3.40　完整版"新连连看"程序及运行结果

第 4 章　类的基本知识

类是 Java 编程理论的核心，是 SUN 认证考试的重点，也是本书的重点，因此，应高度重视、反复研读。

4.1　为什么要学习类

早期的程序是面向过程的，一个程序基本上就如同一篇文章一样，由很多行文字"堆砌"而成，任何步骤都是由程序事先设计好的，第一步要做什么、第二步要做什么，就像是本流水账。但实际上程序远比流水账要复杂得多。因此，要从头到尾读懂这样冗长而复杂的程序（尤其是上万行的大程序）很困难，修改和维护工作量更是令人无法忍受，常常是牵一发而动全身。

面向过程软件编写方法的另一大弱点是软件重用程度低，程序就像毛衣一样是一针一针织出来的。其中任何一块想原封不动的拿到别的程序中使用基本上不可能。

面向对象编程(OOP — Object Oriented Programming)和面向过程的编程模式完全不同，这种编程模式完全克服了面向过程编程的种种弊病。它一出现，就受到了极大欢迎。程序员从此不再像过去那样深陷在程序"泥潭"中困苦不堪。

Java 是一种完全面向对象的语言。面向对象一词很抽象，但本书会用尽可能通俗的语言介绍它。相信学完本章内容，读者会对此概念有很好的理解，并且会体会到这种程序设计模式的优越性。

要理解什么是面向对象，先要从理解什么是类（class）学起。

4.2　什么是类

前面几章中，本书并没有涉及按类编程方面的知识，事实上，Java 普通应用程序完全是由一个或多个类组成，类是程序的基本构成。类是 Java 中一个最基本的概念，理解了这一概念，就等于掌握了 Java 程序设计的核心内容。

"类"这个词虽然听起来很抽象，但实际上并不复杂。

4.2.1 类的含义

1. 现实生活中的类

现实生活中,"类"就是具有某些共同特性和行为的事物。比如学生类、汽车类、服装类、电脑类等。

对于学生类来说,有"学号""姓名""年级"等特性,还有"交学费""上学""学习"、"成绩合格""毕业"等共同行为。

对于汽车类,有"车牌号""车型""载重""最大时速"等特性,还有"发动""加速""刹车"等行为。

2. Java 中的类

Java 中的"类"一词和现实生活中的"类"的含义是一样的,只不过 Java 中的类是一段独立程序。比如"按钮"类程序、"窗口"类程序、"打印"类程序、"通讯"类程序等。

对于"按钮"类来说,有"位置""大小""按钮上文字"等特性,还有"单击""执行某个功能"的共同行为。

再如"窗口"类程序,有"窗口标题""窗口大小""窗口位置"等特性。还有"最大化""最小化""关闭"等行为。

由此可见,Java 中的类,就是一个个独立的程序,它内部可分成两部分,一部分是和这个类的特性相关的语句,一部分是和这个类各种行为的相关语句。将这两部分编写出来,就等于编写出了一个类。

3. 类与实例

编写出了一个"按钮"类,就等于编写出了一个通用的"按钮"程序,以后任何时刻想在程序中加入一个"按钮",就完全没有必要从零开始编写"按钮",只需要给出一个按钮在窗口中的具体位置、大小、按钮上的文字、按钮要执行的命令,一个"活生生的"按钮就会出现在窗口上。

给类指定具体特性和行为的过程叫做"实例化","实例化"了的类叫"实体"(Object),又叫"实例"(Instance)或"对象"(Object),即具体的类。比如我们看到的窗体上的具体的某个按钮,就是"按钮"类的一个实例,或"按钮"对象。它有具体的位置、具体的大小、具体要执行的命令。一个类可以产生任意多个对象,就如同我们可以看到多个按钮对象一样(见图 4.1)。

可见,"类"是一种通用的、独立的程序。

由此我们也不难理解:相对而言,类是概念性的、不具体的,对象才是可用的、具体的。

4. 按类编程的优点

对 Java 程序而言,类是构建程序的基本条件,就如同施工,脑子中首先要有施工模型。有了各种各样的类,就可以建立各种各样的实例,实例构成用于实现各种各样的功能。程序是一大堆实例的组合。就像人类社会一样,是由各种各样具体的人组成。

　　每个实例负责一种功能，各个实例知道自己应该做些什么。就如同人类社会，不同的人有不同的角色，各司其职。实例之间通过调用，即通过消息传递，实现一个实例对其他实例的指挥调度。就像人类社会，接受他人信息，完成自己的工作，其中也包括指挥其他人。

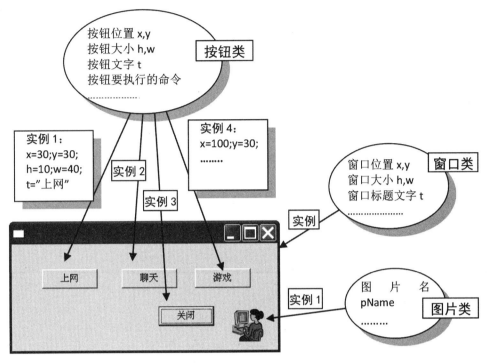

图 4.1　类与实例

　　由此可见 Java 按类编程的好处，比如程序员如果有窗口、按钮、图片三个类，就能够非常容易、非常快地编写出图 4.1 所示的程序。Java 不仅可以使我们的程序"一次编程，处处运行"，还可以"一朝拥有类，再也不受罪"。如果手头有大量的各种各样功能的类，我们编程时，只需将其"实例化"，再不需要从零编起。有了这种设计模式，编程还是一件难事吗？

　　更令人高兴的是，Java 为我们提供了丰富的、实用的、功能广泛的类，总共有三千多个。

　　按类编程还有一个非常大的优点：程序并不复杂。即再大的程序，复杂度也不会呈几何级增长。就像人类社会，复杂的社会功能是由多人实现的，但每个人完成的任务并不一定复杂，人与人之间的工作关系（只要不勾心斗角）也很有章可循。反之，如果所有任务都由一个人来完成，就像面向过程编程那样，一个软件就是一部长篇巨著，那样的话，任务一多，大脑一定会被累垮。

　5. 如何编写类

　　编写"类"并不难，它有固定的形式可以遵循。以下是 Java 的类编写规则。

4.2.2　类的基本结构

图 4.2 是类的基本结构示意图。从图中可以看出：

（1）类声明语句：一个类的开始，最先书写的总是类声明语句。类名的第一个字符要大写。Java 中，首字符大写的名字，都被默认为类名。

（2）类体标志：类声明语句的后面，一定是一个"{"；类的最后一行，一定是一个类的程序块结束符号"}"。由此也可看出一个类就是一个独立的程序体。

（3）类的组成：一个类由两部分组成，一部分由各种属性（Attribute）组成，另一部分由各种方法（Method）组成。

不论是类的属性还是类的方法都被称为类的成员（Member）。

```
class 类名
{
    属性 1;
    属性 2;
    ……………
    方法 1
    方法 2
    …………

}
```

图 4.2　类的基本结构

有些书将类分为三部分，书写属性的区域称为字段区或字段域（field），书写方法的区域为方法域（method），所有的注释文字称为注释域（comment）。

例 4.1　编写一个计算 n! 的类（见图 4.3）。

```java
class Factorial
{
    //========属性区=========
    int n;

    //========方法区=========
    long get()
    {
        long t=1;
        for(int i=1;i<=n;i++)
            t*=i;
        return t;
    }
    //====================
}
```

图 4.3　阶乘类

由图 4.3 可以看出，类的编写非常简单，整个类体包含两部分：属性体和方法体，各部分书写各部分的内容。给这个类的属性 n 一个整数值，它就能通过 get（）方法计算出 n!（即 t），并反馈（return）给所要的人。

反馈的数据是什么类型，它所在的方法就要写成什么类型。比如本例中，返回的是 long 型的 t 值，则它所在的 get 方法也必须写成 long 型。

如果 get 方法只打印输出，不返回任何数据，则必须在 get 方法前加上 void 一词。Void 的英文意思是空的、没有的，即无返回值。

4.2.3　类的运行要求

编译图 4.3 所示程序，正常通过。但当我们要运行它时，却出现了错误提示，提示这个类不能运行（见图 4.4）。提示的完整意思是："很意外，Factorial 类中找不到 main，我无法运行"。

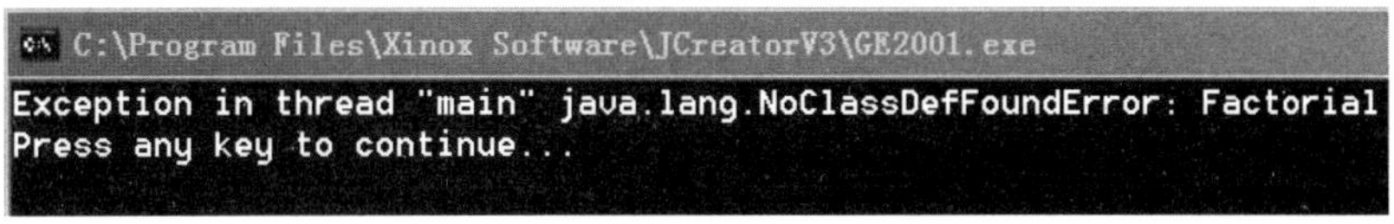

```
C:\Program Files\Xinox Software\JCreatorV3\GE2001.exe
Exception in thread "main" java.lang.NoClassDefFoundError: Factorial
Press any key to continue...
```

图 4.4　错误提示：没有领导

以前章节中的程序都能运行，就是因为都包含 main 方法。由此可知，不包含 main 方法的类是不能独立运行的，包含 main 方法的类是一个类团体的领导（一个程序只能有一个领导），而其他类只能是下属。一个程序如果没有领导，没有人发号施令，就会是一盘散沙，就如同无头苍蝇，肯定无法运行。

关于 main 的更多知识，我们将在后面的小节中讲述。

我们从实际编程角度考虑，Factorial 类应该像按钮类一样，它不是领导，不是主程序，而是程序中的一个角色，是程序的一个局部功能。

如何将一个角色"放入"程序中呢？

众所周知，按钮类（按钮通用程序）必须实例化，按钮才能呈现在窗体上，才能在具体的某个程序中发挥作用。同样，Factorial 类也必须实例化，它才能实现给出一个数，返回该数阶乘结果的功能。

下面介绍如何将 Factorial 类实例化。

4.2.4　实例的创建方法

将一个通用的类，变为具体应用程序的一部分的过程称为实例化，比如按钮的实例化。创建实际程序所需的具体按钮称为创建按钮实例。

实例的创建需要使用 new 关键字。常用的声明格式为：

类名　实例名＝ new 类名（）;。

例如，要创建一个按钮类 Button 的实例，所用语句为：Button a= new Button（）;。再如，假设我们已编写了一个名为 Factorial 的类，则创建一个计算阶乘实例的语句为：Factorial f=new Factorial（）;，这个语句创建了一个名为 f 的实例。

我们可以通过一个实例，体会到创建实例的意义。

例 4.2　利用已有的 Factorial 类，编写一个计算 10! 的程序（见图 4.5）。

注意：这个程序编写的前提是：

（1）图 4.3 所示的程序已编写完毕，内容和图中所示的完全一致，且编译通过。

（2）新编写的图 4.5 所示的程序和图 4.3 程序被保存在同一文件夹内。

```
FCount.java
1   class Fcount
2   {
3       public static void main(String args[])
4       {
5           Factorial f=new Factorial();
6           f.n=10;
7           long x=f.get();
8           System.out.println(x);
9       }
10  }
```

```
C:\Program Files\X
3628800
Press any key to con
```

图 4.5　利用阶乘类的计算程序及运行结果

在图 4.5 所示的程序中，实例是这样使用的：

①第 5 行创建了一个名为 f 的实例。

②第 6 行给 f 的 n 一个值 10（"."相当于"的"），这相当于给了图 4.3 中的 n 属性一个值 10。

③第 7 行中的 f.get（）相当于让计算机执行图 4.3 中的 7 ～ 13 行，于是会得到 10 的阶乘结果。结果再给 x，于是 x 就得到了 10 的阶乘值。

这就是实例的一般用法。将来我们会看到，用同样的方法，就可以在窗体上加入按钮。

之所以能在本程序中创建 Factorial 的实例，并通过编译，是因为编译时，Java 能在程序所在文件夹内找到 Factorial 类文件 Factorial.class。如果只有源程序 Factorial.java，则 Java 会自动将此源文件编译成类文件，供主程序创建实例时使用。

4.2.5　类和程序文件

类和程序文件间有如下规则：

（1）程序文件中至少要有一个类。即使一个功能最简单的程序，也要写成一个类；对于一个稍复杂的程序，有必要将程序写成两个或多个类。

（2）在一个程序文件中，类的书写没有前后之分，我们不必关心类与类之间的先后书写顺序。

（3）虽然一个程序中可能包含几个类，但每个类都是一个独立的整体，编译时，一个类会编译出一个类文件。一个程序文件中定义了几个类，就会产生几个扩展名为".class"的类文件。

从教学角度出发，有时会将一个示例相关的两个类写在一个文件中。

实际开发过程中，强烈建议一个文件中，只书写一个类。尽量不要在一个文件内编写多个类，这对于程序维护很不利。

例 4.3　编写一个计算圆面积的类，并应用此类计算并打印半径为 10 的圆面积（见图 4.6）。

```
CCount.java
 1  class CCount
 2  {   public static void main(String args[])
 3          {
 4                  CircleArea x=new CircleArea();
 5                  x.r=10;
 6                  double y=x.get();
 7                  System.out.println(y);
 8          }
 9  }
10
11
12  class CircleArea
13  {       int r;
14          double get()
15          { return((double)r*r*3.14d);}
16  }
```

```
C:\Program Fil
314.0
Press any key to
```

图 4.6　圆面积计算类及其应用

在图 4.6 所示的程序中，实例是这样使用的：

①第 4 行创建了一个名为 x 的实例。

②第 5 行给 x 的 r 一个值 10，这相当于让第 13 行的 r 值为 10。

③第 6 行中的 x.get（ ）相当于让计算机执行 14 ～ 15 行，于是就会得到圆的面积值。这个值再给 y，y 就会得到圆的面积。

例 4.4　编写一个英文字母大小写转换的类。

程序分析：通过观察 ASCII 码表（见本书附录，国际字符集表兼容 ASCII 码表）可以发现，英文字母在表中分为两组"ABCDE……"、"abcde……"且顺序排列，每个小写字母要比大写字母的编号值大 32。

因此，要得到一个字母的大写格式，可以根据其字符编号值进行判断，如果编号小于97，则此字母是大写字母，无须转换，否则，就需要将其字符编号值减去 32，才能得到大写字母值。再将字母值转为字母，问题即得到解决。

用同样的方法，可以得到一个字母的小写格式。具体程序请参考图 4.7。

```
CharTest.java

 1  class CharTest
 2  {
 3      public static void main(String arg[])
 4      {
 5          charReverse x=new charReverse();    //新建一个实例
 6          x.c='a';                            //设置x的c属性
 7          System.out.println(x.getUCase());   //调用x的方法
 8          System.out.println(x.getLCase());
 9      }
10  }
11
12  class charReverse
13  {
14      char c;              //定义一个属性c
15
16      char getUCase()      //定义一个转为大写的方法
17      {   if(c<97 ) return(c);
18          else return((char)(c-32));
19      }
20      char getLCase()      //定义一个转为小写的方法
21      {   if(c>=97) return(c);
22          else return((char)(c+32));
23      }
24  }
```

图 4.7 大小写转换类示例

4.2.6　按类编程小结

由以上程序可以看出，在编写了一个类之后，要使用这个类，一般应先在调用程序中，声明一个此类的实例。例如在图 4.7 中，就定义了一个实例 x。显然这不是一种简单数据类型，而是一种复合数据类型。

在 Java 中，实例是一种复合数据类型。

在图 4.7 中，实例 x 不是 charReverse 类本身，而是一个实例化的类（Instance）。所谓实例，就是在已经定义好的一个类的基础上，再创建一个实际的具有某种特定值的"实物"，它是类的具体化。这就如同定义了"人"这一类的概念后，要看到一个具体的人，就需要产生一个"张三"的实例，他才是一个实实在在的人，而不再是一个抽象的"人"的定义。

产生实例的方法为 new。在本图中，通过 new 命令产生了一个实例 x。由此可见 new 既可以创建数组，又可以创建实例。

通过上述编程也可以体会到，面向对象编程的基本工作是了解类的属性和方法的意义，通过类的实例以实现某种功能。高级编程则是设计类。

4.3　继　承

继承（Inheritance）是面向对象编程的一个重要内容。

4.3.1　子类与继承

"人"是个大类，它还可以细分为"儿童"、"青少年""中年"等。这些子类完全具有父类"人"的所有特征，但并不是简单继承，而是在原有基础上再进一步扩充其内涵而成。

再如，我们编写了一个汽车类，后来又编写了三个汽车的子类——货车、客车和轿车。这三个子类肯定拥有父类的所有特征（属性或方法），但又会新增（扩展）一些各自的新特征。

Java 中，子类也是在某类的基础上，功能进一步扩充或完善，使之能更丰富、更强大。

要编写一个类的子类，需要使用 extends 一词。extends：扩充。即这个类是在继承了某个类的基础上的扩充，extends 可以简单理解为指出此类是某个类的子类。

例 4.5　编写一个类继承的例子（见图 4.8）。

```
ExtendsTest.java
1  class A
2  {
3      int x,y;
4
5      void print()
6      {
7          System.out.println(x+y);
8      }
9  }
10
11 class B extends A    //继承命令
12 {
13     int z;           //子类扩充了一个z属性
14 }
```

图 4.8　B 类扩充 A 类程序

在图 4.8 所示的程序中，B 类不仅继承了 A 类，还扩充了 A 类，它在 A 类的基础上多了一个 z 属性。即 B 类实际上共有 x、y、z 三个属性和一个 print 方法。

这里，A 类就是 B 类的父类。

例 4.6　编写一个使用图 4.8 中 B 类的程序（见图 4.9）。注意：在编写此程序前，应先保证图 4.8 程序编译成功。

```
ExtendsTest2.java
1  class ExtendsTest2
2  {
3      public static void main(String args[])
4      {
5          B x=new B();
6          x.x=10;
7          x.y=20;
8          x.z=100;
9          x.print();
10     }
11 }
```

```
C:\Program Files
30
Press any key to c
```

图 4.9　子类使用程序及运行结果

本图的第 5 行定义了一个实例 x，它是图 4.8 中类 B 的实例，因此，x 有三个属性，第
6～8 行给 x 的三个属性赋值，相当于给图 4.8 第 3 行、第 13 行的变量赋值。本图的第 9
行相当于执行了图 4.8 中的第 5～8 行。

由图 4.8 可以看出，子类中要写的代码一般是添加（扩充）父类中没有的属性或方法，
或对父类中已有的属性方法进行细化或改进。

在编程时，我们只需要说明一个类的父类是谁，就可以获得这个父类提供的全部功能，
而不必写任何重复的程序语句。继承性极大地提高了"程序的可复用性"，使得程序开发
的速度大大加快，并且功能也越来越完善。

一般情况下，类越是向下发展，其功能就越强。就像人一样，代代相传，"长江后浪
推前浪，一代更比一代强"。

 例 4.7　再编写一个类继承的例子（见图 4.10）。

```
CInheritance.java
 1 class CInheritance
 2 {
 3    public static void main(String args[])
 4    {
 5        C2 x=new C2();
 6        x.r=2;
 7        x.print();
 8    }
 9 }
10 /*=======================================*/
11 class C1
12 {   int r;
13     double get(){ return r*r*3.14;}
14 }
15 /*=======================================*/
16 class C2 extends C1
17 {
18     void print()
19     {   double s=get();
20         System.out.println("圆的面积为"+s);
21     }
22 }
23 /*=======================================*/
```

```
C:\PROGRA~1\XINOXS~1\JCREAT
圆的面积为12.56
Press any key to continue...
```

图 4.10　子类使用程序及运行结果

在图 4.10 所示的程序中，C2 类不仅继承了 C1 类，并且扩展了 C1 类，它添加了结果
打印输出功能。

4.3.2　super 的作用

在书写子类代码时，父类提供的属性或方法可以直接使用，无需注明，这被称为"隐
式调用"。但为了程序清晰易懂，一般采用显性调用，即在调用父类属性或方法的前面加
上"super"。

 例 4.8　编写一个使用 super 的程序（见图 4.11）。

```
SuperTest.java
 1  class A
 2  {
 3      int x,y;
 4
 5       void print()
 6      {
 7          System.out.println(x+y);
 8      }
 9  }
10
11  class B extends A
12  {
13      int z;          //扩充的属性
14      void test()     //扩充的方法
15      {
16          super.print();
17      }
18  }
```

图 4.11　通过 super 引用父类中的属性及方法（一）

在图 4.11 所示的程序中，使用了 super 表示 print 方法源自父类，当然，本程序也可以省略不写，但阅读程序时会给人一时摸不着头脑的感觉。

Super 还可以用来区分实例中继承的和子类新建的属性或变量。

例 4.9　编写一个父类属性和子类变量相同的程序（见图 4.12）。

```
Distinguish.java
 1  class A
 2  {
 3      int x,y;
 4
 5       void print()
 6      {
 7          System.out.println(x+y);
 8      }
 9  }
10
11  class B extends A
12  {
13      int z;              //扩充的属性
14      void test()         //扩充的方法
15      {
16          int x=2;        //子类新定义的变量
17          int y=3;
18          super.x=10;     //父类原有变量
19          super.y=20;
20          print();
21          System.out.println(x+y);
22      }
23  }
```

图 4.12　通过 super 引用父类中的属性及方法（二）

在图 4.12 所示程序中，super 担当了区分继承来的变量和新建变量的重任。

◆ 例 4.10　编写一个使用图 4.11 中 B 类的程序（见图 4.13）。

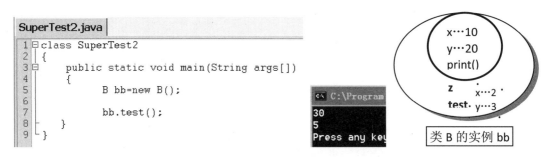

图 4.13　子类使用程序、运行结果及结果分析图

程序分析：

（1）当执行了图 4.13 左图内的第 5、7 行命令后，程序建立了一个 B 的实例 bb，并开始执行 test 方法。

（2）当执行了 bb 的 test 方法内第 1、2 两句命令后（见图 4.12 的第 16、17 行），我们就会看到图 4.13 的右图实例 bb 内 test 方法中的 x、y 值。这两个变量是新建的。

（3）当执行了 bb 的 test 方法内第 3、4 两句命令后（见图 4.12 的第 18、19 行），我们就会看到图 4.13 的右图实例 bb 内虚线圆内的 x、y 值。这两个属性是继承来的。

（4）当执行了 bb 的 test 方法内第 5、6 两句命令后（见图 4.12 的第 20、21 行，其中 20 行的 print（）；也是由 A 类继承而来的），我们就会看到图 4.13 中间图所示的结果。

4.3.3　Java 继承的独特之处

C++ 中支持多重继承，即一个类可以继承多个父类，"一个儿子有两个或多个父亲"，这使得子类内部非常复杂且不可控制。子类出错后，要找出问题所在是非常困难的事情。

Java 中的继承是单重继承，即一个子类只能继承一个父类，这样虽然对新类功能的扩展有一定的限制，但使得 Java 的每个类非常简单可靠。

注意：考试时如果你发现在类声明语句的 extends 一词后有两个类名，应毫不犹豫地打"×"。

已有类称为：超类、基类或父类。

而新类称作子类或者派生类。

有些类是不能继承的，这种类就是已声明为 final 的类（即在 class 类名前加一个 final 修饰词）。前面已经介绍过，final 可以指定一个量为常量，常量永远不能被修改。同样，在声明一个类时，如果使用了 final 修饰词，即表示此类的功能已固定了，不允许扩充了，也就不能有子类了。一般是类的编写者认为某个类已经编写得非常完美了，不需要再通过子类扩展其功能了。也可能是从安全角度考虑，防止一个类被随意修改。

4.4 包

为了分门别类地存放各种类，Java 采用了"包"这一技术。

4.4.1 什么是包

Java 每编写一个类，就会生成一个类文件，如果这些文件都保存在一个目录中，则程序编写得越多、越有可能发生文件名冲突。类名一般是和文件名同名的，文件名冲突、意味着类名冲突。类名冲突后，先生成的类会被后生成的同名的类覆盖。在编写大型应用程序时，这种错误是致命的。

类似的事情也经常发生在程序员身上，以前本书的示例中，经常将一个类的名字命名为 A，并编译运行，每编译一次新 A 类，就会覆盖掉为以前程序生成的 A.class。

为了解决这一问题，Java 引入了"包"这一技术。

包（Package）就是一个文件夹，或者是扩展名为 ZIP 或 JAR 的压缩文件。

包可以将若干类文件集中在一起，与其他文件隔离开来。这样就大大减少了类文件名重名的可能性。

要建立一个包很容易。如图 4.14 所示，打开 Java 程序所在的文件夹，然后在其中建立一个名为 MyClass 的文件夹（注意大小写），即建立了一个 MyClass 包。

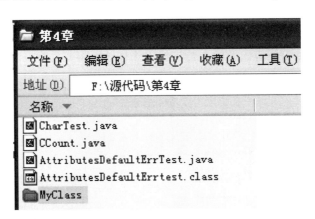

图 4.14　包建立方法示意图

一个包内还可以包含若干较小的包。

包是对类分组的有效形式。一个包内往往是在功能上一致或相关的类。

在程序中，定义一个包名的语句是 package 包名；。包名区分大小写，即要求包名和文件夹名（或 ZIP、JAR 文件名）大小写要严格一致。如果用到的是一个包内的"小包"，则定义语句中，大包小包之间应使用"."做分隔符。

例 4.11　编写使用包的示例程序。

具体实验步骤如下：

（1）编写两个包内类文件，并分别编译（见图 4.15）。

```
Circle.java | MyPrint.java
1 ⊟ package MyClass;        /*声明此文件内的所有类
2                          编译后的.class文件
3                          都应保存到此包内*/
4 ⊟ public class Circle
5   {
6 ⊟      public double count(int r)
7         {
8             return r*r*3.14;
9         }
10  }
```

```
Circle.java | MyPrint.java
1
2    package MyClass;
3 ⊟ public class MyPrint
4   {
5 ⊟      public void p(String s)
6         {
7             System.out.println(s);
8         }
9   }
```

图 4.15　新建的两个包内类

编写这两个类时，请注意如下规则：

包语句必须写在源程序的第一行。

一个 Java 文件中，只能有一个包声明语句（语句后要有分号）。

一个文件内只能有一个为 public 的类。

一个文件内如果有 public 类，则文件名必须和此类类名完全一致。

（2）打开存储两个 Java 源程序的文件夹，再打开 MyClass 文件夹，会发现由两个类生成的 .class 文件已存在包内。

说明：Jcreator 如果发现程序中有 Package 语句，但包（文件夹）尚未手工建立，它会自动为我们建立包，并将编译后的 .class 文件保存在包内。

（3）再编写一个引用包内类的主类（见图 4.16）。将其保存在包外，并编译运行。

```
Circle.java | MyPrint.java | PackageTest.java
1 ⊟ import MyClass.Circle;      //引用语句
2   import MyClass.MyPrint;      //注意分号
3
4 ⊟ class PackageTest
5   {
6 ⊟      public static void main(String args[])
7         {
8             Circle c=new Circle();
9             MyPrint p=new MyPrint();
10
11            double s=c.count(2);
12            p.p("圆的面积为"+s);
13        }
14  }
```

图 4.16　包内类引用示例

编写这个类时，请注意如下规则：

引用包内类的命令为 import。

import 语句必须放在文件开始处（如果有 package 语句，则放在其后）。

如果不使用 import 语句，则程序中用到包内类时，需要将"包名."写在类名前。例如，在图 4.16 中，如果没有第 1 行语句，则第 8 行语句需要写成：MyClass.Circle c=new MyClass.Circle（ ）;，由此可见，使用 import 语句只是为了程序书写方便。

4.4.2　包对类功能调用的影响

一个类能否访问包内其他类的属性和方法，由两条决定：（1）这个类的位置；（2）包内类的属性或方法的访问限制修饰符（modifier）。

访问限制修饰符又叫权限修饰符、成员限定符，具体是否能访问见表 4.1。

表 4.1　对某个类的成员是否有访问权表

成员限定符 范围	public	protected	没有限定符 （默认）	private
类内部	√	√	√	√
包内部	√	√	√	⊗
包外子类	√	√	⊗	⊗
包外非子类	√	⊗	⊗	⊗

注：表中的"√"表示可以访问，"⊗"表示不可访问。

例如，包外有一个类，如果它的父类在包内，则它可以调用其父类内中声明为 protected 的方法，但不可调用包内非父类中声明为 protected 的方法。

这个表所列出的规则是 Java 中非常重要的规则，编程首先要懂得语言规则，SUN 公司的 java 程序员考试主要也是考规则。因此，一定要牢记本表。

注意：import 语句不会改变表 4.1 所列的各种访问权限。

4.5　属性详解

由类的结构图（见图 4.1）可知，类由两部分组成，一部分是属性声明区域（称属性区），一部分是各种方法编写区域（称方法区）。

在属性区声明的变量，称为类的属性（attribute）又称为成员变量。

属性变量写在方法体之外。

方法体之外，只能写属性声明，不能写任何命令语句。

属性变量不能重名，即同一个类中，不允许有两个名字相同的属性，或者说不允许一个属性定义两次。

4.5.1　属性修饰符

属性根据不同情况，可以使用许多修饰符。完整的属性定义格式为：

> [public | protected | private] [static] [final] 变量类型　变量名

说明：

（1）格式中的 [] 表示其中的项是可选的，不是必须有的，相对而言，格式中的"变量类型"没有加括号，说明定义变量时，必须标明。

（2）格式中的"｜"的意思中"或者"，实际上是不允许同时使用的意思，即某个语句中只能使用其中某一个词。

public/protected/ 默认（即没有任何修饰词）/private 是决定谁有权使用或修改此属性的限定词。具体使用范围见表 4.1。

◈ 例 4.12　编写一个属性修饰符示例程序（见图 4.17）。

```
RangeTest.java
 1  class RangeTest
 2  {
 3      public static void main(String args[])
 4      {
 5          A x=new A();
 6          x.r=2;
 7          x.print();
 8      }
 9  }
10  /*=====================================*/
11  class A
12  {
13      int r;
14      private int i;
15      void print()
16      {   i=r;
17          System.out.println(i*i*3.14);
18      }
19  }
```

图 4.17　属性修饰符示例程序

图 4.17 所示的程序中，访问了 A 类的 r 属性，它是个默认属性，根据表 4.1，它是可以被访问的。但如果在第 6 行加上一句 x.i=2;，则程序编译无法编译通过。因为 i 是私有属性，只允许在 A 类内部访问。

私有变量虽然限于内部使用，但有时也很有必要，例 4.18 可以证实这一说法。

◈ 例 4.13　编写一个私有属性使用示例程序（见图 4.18）。

```
GoodPrivate.java
 1  class Goodprivate
 2  {
 3      public static void main(String args[])
 4      {
 5          N x=new N();        //新建一个实例x。
 6          x.set(2000);        //将1000传给x实例的set方法
 7          int y=x.get();      //通过X的get方法得到值
 8          System.out.println("y的结果为" +y);
 9      }
10  }
11
12  class N
13  {
14      private int temp;   //只允许类内部使用的属性
15
16      void set(int a)     //得到temp
17      { temp=a;
18      }
19
20      int  get()          //返回temp
21      { return temp;
22      }
23  }
```

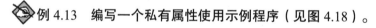

```
C:\Program Files\X
y的结果为2000
Press any key to cont
```

图 4.18　私有属性使用的示例

在图 4.18 的类 N 中，定义了一个内部属性 temp，它只能在类内部使用，对于其他类来说，是"看不见的"，N 类对于调用程序而言，它只有 set 的权利和 get 的权利，而无需知道类内部是如何加工数字的。这样做更符合面向对象设计的原理之——"封装"，即我们只需要使用类，无须知道类内部做什么，怎样做的。

4.5.2　静态属性

static：静态属性。静态属性的特点是可以直接使用，无需先建立实例。

 例 4.14　编写一个包含 static 属性的类的应用程序（见图 4.19）。

```
class StaticTest
{
    public static void main(String args[])
    {
        A.x=20;

        for (int i=0;i<=10;i++)
            A.x++;

        System.out.println(A.x);
    }
}

class A
{
    static int x;
}
```

图 4.19　static 修饰符用法示例

通过图 4.19，可以证明一句专业术语："静态属性属于类，不属于实例"。

此属性一旦使用，即会一直存在，自始至终要占用计算机内存资源，直到整个程序结束。而且任何语句都可以直接引用或修改。

静态变量尽量少用，主要是因为两点：

（1）静态属性在一个程序运行时，自始至终占用内存，影响运行速度。

（2）静态属性属于全局变量（或称公用变量），即程序的任何类中的任何语句都可以引用或改变某个类的静态属性的值。

静态属性尽量少用，因为它的值难以控制。例如：某处一个语句将静态属性 x 赋值为3，此后再用到这个属性时，它却变成了 4，因为程序的另一处有一句程序给它赋值为 4。但有时静态变量还是很有用的，比如在机房管理程序中，可定义一个静态变量用来表示当前上机人数，一人登录后此变量加 1，一人销户后此变量减 1，程序可随时通过显示此变量的值反映当前上机人数。

4.5.3 属性的赋值方法

1. final 属性的赋值方法。

final：常量。我们已在第二章介绍过这一修饰词。一个属性被声明为 final 后，必须给出常量的值，而且以后任何语句都不能改变此属性的值，因此，又叫只读属性。常量名习惯上全部为大写字母。例如：

```
final int F;
F=20;
final float PI=3.1415926f;
```

如果考题中插入了一个给常量二次赋值的语句，你没有发现，说明你太大意了。

2. 普通属性的赋值方法

普通属性一般在定义时只赋默认值，在实例中再赋具体值。这样才使程序更灵活。不过也有特例。比如要编写一个窗口类，则可以指定窗口宽度属性值为 100，以后创建这个窗口类的实例时，如果不再另行指定窗口宽度，窗口宽度便自动设为 100 了。

为普通属性赋值的方法很简单（见图 4.20）。也可以在方法体外，单独用一对大括号括起一个区域，用于给属性赋值。类被实例化时，这个区域将被自动执行，所以，这块区域的专业词语叫初始化块。

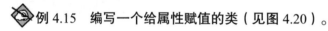
例 4.15　编写一个给属性赋值的类（见图 4.20）。

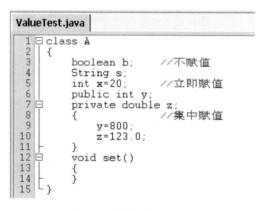

图 4.20　属性赋值法示例

如果初始化块前面有修饰符 static，则块内的变量全部为静态属性。例如，如果在图 4.20 第 8 行的大括号前加上 static，则第 8 ~ 11 行的初始化块中的 y 和 z 均为静态变量。

初始化块常用来初始化静态值。

4.5.4 属性的默认值

一个属性被声明之后，在没有给此属性赋值之前，属性会有一个默认值：

（1）一个未赋值的整型属性的默认值为 0。实型变量默认值为 0.0。一个未赋值的字符属性的默认值为 '\u0000'。

（2）例如，刚刚用 int x; 语句定义了 x 之后，x 的默认值为 0。

（3）一个未赋值的布尔型属性的默认值为 False。

（4）一个未赋值的字符型属性的默认值为 ' '（空字符 '\u0000'）。

（5）一个未赋值的字符串属性的默认值为 null（空）。

（6）未用 New 初始化的实例的值为 null（空）。例如我们可以将 A a=new A（）;写成两句：A a; a=new A（）;。在程序执行完第一句后，a 的值为 null，当执行完第二句后，即初始化后，a 的值才不再是 null。

例 4.16 在图 4.20 基础上，编写一个测试属性默认值的程序。

显然，这个程序有个前提，即图 4.20 已通过编译，并且已保存在当前程序存放的文件夹中。要编的程序请参见图 4.21。

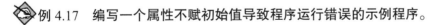

ValueTest2.java

```
 1  class StaticTest
 2  {
 3      public static void main(String args[])
 4      {
 5          A x=new A();
 6          System.out.println("b="+x.b);
 7          System.out.println("s="+x.s);
 8          System.out.println("x="+x.x);
 9          System.out.println("y="+x.y);
10      }
11  }
```

```
C:\Program Files\
b=false
s=null
x=20
y=800
Press any key to cont
```

图 4.21 测试属性默认值的程序

注意：即使属性有默认值，最好也为其赋初值。否则很可能导致某个环节出错。下面是一个引用出错的例子。

例 4.17 编写一个属性不赋初始值导致程序运行错误的示例程序。

AttributesDefaultErrTest.java

```
 1  class AttributesDefaultErrtest
 2  {
 3      public static void    main( String args[] )
 4      {
 5          Window w=new Window();
 6          String s=w.title;          //s为null
 7          String t=s.toUpperCase(); //运行时出错
 8      }
 9  }
10  class Window
11  {
12      String title;
13  }
```

图 4.22 使用属性默认值导致程序运行错误示例程序

图 4.22 所示的程序能够通过编译，但运行时会提示出错：NullPointerException（即无处取值异常）。如果在类 Window 中已经为属性 title 赋了初值，比如 String title=""；，则会避免程序错误。

4.6　什么是方法

4.6.1　方法的基本用法

一个类由两部分组成，除了属性外，类的另一部分就是方法。一个具有复杂功能的类往往包含许多方法（见图 4.2）。

从宏观角度看，方法就像是一个个加工机器，给方法一些原材料（参数），方法就加工出某种产品给用户（结果值返回给调用者）。

方法的基本结构见图 4.23。

```
修饰符　返回值类型　方法名（参数 1，参数 2，……）
{
     数据处理语句；
     return 结果；
}
```

图 4.23　方法的基本结构

4.6.2　方法修饰符选项

方法的修饰符比属性的修饰符还要多，主要有

1. public | protected | 默认（无修饰符）| private

这几个范围修饰词对方法的限定作用和对属性的限定意义一致（详见表 4.1）。

2. static（静态方法）

属性被声明为静态属性后，即可以直接使用而无需建立实例。静态方法同样可以直接调用而无需实例化。静态方法同样属于类而不属于实例。静态方法一旦运行，便会始终存在，始终占用计算机内存，直到程序结束。因此应尽量少用静态方法。

静态方法往往是一些经常用的、系统的、已固定不变的方法，比如 main 方法、System.out.println 方法。

例 4.18　编写一个静态方法示例程序（见图 4.24）。

```
StaticMethodTest.java
1  class StaticMethodTest
2  {
3      public static void main(String args[])
4      {
5          int x=A.plus(1,2);
6          System.out.println("1+2=" +x);
7      }
8  }
9  /*====================================*/
10 class A
11 {   static int plus(int a, int b)
12     {
13         int c=a+b;
14         return c;
15     }
16 }
```

```
C:\Program Fi
1+2=3
Press any key
```

图 4.24　静态方法示例程序

在图 4.24 中可以看出，plus 方法是类 A 中的静态方法，所以在图中第 5 行，没有声明类 A 的实例，直接使用了 plus 方法。

3. final

final：最终方法。被 final 修饰的量称为常量，被 final 修饰的方法称为最终方法，即在子类中不能进行任何修改的方法。实用程序设计中，被声明为 final 的方法很可能是关键方法，不允许修改，以防止在大程序中随意修改产生严重隐患，或是程序员认为此方法已无需再修改。

4. native

native：本地方法。表示此方法中包含其他语言的代码。在 Java 中嵌入其他语言的原因一般是为了解决某一种设备中的特殊问题。所以，包含 native 方法的类不能跨平台运行。

5. strictfp

strictfp，即 strict float data processing，严格按照浮点数运算规则处理数据，如果某一方法有这样一个修饰符，说明这个方法中用到了数学运算。有了这个修饰符，表明在任何机器上运算都是同样精度。这样做可使类的移植性好，但无法发挥高档机器特有的高精度。

6. 以后会详述的修饰符

abstract、synchronized 是两个很常用的修饰符，将在以后详述。

4.6.3 return 与返回值类型

1. 关于 return 的书写位置

return 语句一定是在方法体内，其作用是结束本方法，返回到调用该方法的语句处，并从调用处向下继续执行。

return 语句必须放在一个方法体的最后，或用于判断语句、选择语句内。否则会产生编译错误。以前示例中所用到的 return 都是方法体的最后一个语句。下面我们练习一个 return 在其他位置的示例。

◆ 例 4.19　编写一个 return 用法示例程序（见图 4.25）。

```
class ReturnTest
{
    public static void main(String args[])
    {
        int x=2;
        int y=2;

        switch(x)
        {
            case 1:  y=10; return;   //可以在switch中使用
            case 2:  y=20; break;
            default: y=30; break;
        }
        System.out.println(y);

        if(x==2)
        {   y=40;
            return;   //可以在if语句中使用
        }
        System.out.println(y);
    }
}
```

图 4.25　return 用法示例

通过图 4.25 可以看出，如果 return 不在方法体的最后一行使用，就需要在判断结构或选择结构内使用。为了证实这一点，可以尝试将第 16 行去除再编译，显然无法通过。

第 18 行的 return 后面没有值，表示其作用为结束本方法，不再向下执行。

本章的图 4.3 就用到了 return 和返回值类型，并在随后的程序说明中做出了简单的解释。

2. 不带返回值的 return

声明为 void 型的方法没有返回值，"上级领导"只命令这种方法实现某种功能，不需要这种方法提供反馈结果。比如有一个方法的功能为打印出一行文字，它就没有什么数值可返回。

无返回值的方法中，也可以使用 return，但一般不用。即使使用，return 后面也不能有任何数值或变量。

main 方法是 void 类型的方法，因此，图 4.25 所示的程序中的任何 return 语句，都不能有返回值。

3. 带返回值的 return

有些方法需要返回值。有返回值的方法中就一定要用到带返回值的 return。

这类方法可以细分为两种：

（1）担当计算功能的方法，"上级领导"调用此方法，目的就是得到计算结果。

（2）执行某种功能的方法，如果正常执行，则返回逻辑值 true，如果执行失败，则返回 false。

不论上述两种方法的哪一种，要返回数值，只有一种途径——使用 return。

前面已介绍并反复使用过有返回值的方法，其规则是：

返回值的数据类型一定要和方法的数据类型相同。

返回值可以是 null、数组。

4.6.4　方法名和参数

方法名和参数虽然简单，但仍然有许多注意事项。

1. 方法名

一个方法的名字，是方法声明语句中最关键部分。应认真命名，使其含义明确且容易记忆，不应随便命名。

Java 提倡将属性设置为私有的，要设置属性的值，可以通过方法，要得到属性的值，也是通过方法。并且，习惯的方法命名规则为 set（ ）或 get（ ）。

2. 参数

根据需要，方法的参数可以是 0 个或多个。其作用是为方法提供某些供处理的数据。如果此方法仅用于加工处理类的属性，则可以没有任何参数。

例 4.20　编写一个包含计算长方形面积类的应用程序（见图 4.26）。

```
RectangleCount.java
1  class RectangleCcount
2  {
3      public static void main(String args[])
4      {
5          int x=30;
6          int y=20;
7          int s;
8
9          cube c=new cube();  //新建一个实例a
10         c.set(x,y);         //使用set方法传值
11         s=c.get();          //使用get方法得到值
12         System.out.println("长方形的面积是"+s);
13     }
14  }
15
16  class cube
17  {
18      private int result;  //内部属性
19
20      void set(int i,int j)    //get方法一般用于设置内部属性
21      { result=i*j;
22      }
23      int get()             //set方法一般用于返回结果
24      { return result;
25      }
26  }
```

图 4.26　方法和参数示例

通过图 4.26 可以验证如下方法参数规则：

①方法的参数写在方法名后面的括号内；

②每个参数都要写明数据类型；

③如果有多个参数，参数间用逗号分隔；

④引用带参数的方法时，要给出同样数目、同样类型、同样顺序的值；

⑤参数名就是以后方法体内的变量名，其初值就是引用时给出的值；

⑥参数的名字只和调用者给定的数值有关系。即调用时可以写成 set（2）或 set（x），定义时可以写成 set（i），不必都写成 x 或都写成 i。

4.6.5　局部变量

关于局部变量（private variable），有以下几个知识点。

1．定义

方法内部也可以定义变量。在一个方法内定义的变量称为局部（local）变量，也被称作自动（automatic）变量、临时（temporary）变量、私有变量、方法变量或栈（stack）变量。而方法外的变量叫属性或成员变量。

一个局部变量名在一个方法内只能定义一次。即不允许一个方法内部有两个重名的变量。

2．修饰符

局部变量不能使用 public/protected/private 修饰符，也不能声明为 static。

方法体内可以定义局部常量。final 是声明常量的修饰符。

3．使用范围

方法内的变量只能在方法内部使用。

例 4.21　编写一个局部变量应用程序（见图 4.27）。

```
LocalTest.java
1  class LocalTest
2  {
3      public static void main(String args[])
4      {
5          AA x=new AA();
6          x.print(2);
7      }
8  }
9  /*=====================================*/
10 class AA
11 {
12     void print(int r)
13     {
14         double s;
15         final double PI=3.14;
16         s=r*r*PI;
17         System.out.println("圆的面积为"+s);
18     }
19 }
20 /*=====================================*/
```

```
C:\Program Files\Xino
圆的面积为12.56
Press any key to continu
```

图 4.27　局部变量应用示例

由图 4.27 可以看出，类 AA 的 print 方法中使用了一个局部变量 s 和一个常量 PI，这两个量是不允许其他类调用的，即使在 AA 类内部的另一方法体内，也是严格禁止使用的。它只能在 print 方法内部使用，即"不许离开家门半步"。

4. 方法参数也是局部变量

在图 4.27 的 print 方法中，我们使用了一个参数 r，它的值是由实例调用时给出的，本例中给的值是 2（见图 4.27 第 6 行）。

方法的参数也是局部变量，即在图 4.27 中，s、PI 和 r 只能在 print 方法内部使用，绝不允许在 print 方法之外的任何地方使用或修改。

5. 局部变量的初始化

初始化（initialize）就是给出一个初始值。局部变量没有默认值。如果类中没有给出某个属性初始值，系统会在实例中赋予默认值，如果某个方法内的变量没有初始值，则一定不能使用。否则，编译能通过，但运行会出错。局部变量使用前必须给出初始值，再使用。专家强烈建议，实际编程时，应养成为属性或变量赋初值的好习惯。

◆ 例 4.22　编写一个局部变量不初始化即使用的错误示例程序（见图 4.28）。

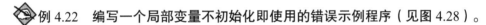

```
NoIniError.java
 1 class NoIniError
 2 {
 3     public static void  main( String args[] )
 4     {
 5         int i;
 6         System.out.println(i); //错误，未赋值即使用。
 7
 8         int j=i++;          //错误，未赋值即使用。
 9         System.out.println(j);
10     }
11 }
```

图 4.28　局部变量误用示例

图 4.28 所示的程序编译时，会出现错误提示："未初始化"。为了能够使这一程序能够通过编译，建议 int i; 改为 int i=0;。

4.6.6　变量重名

有以下几种变量重名的可能：

（1）两个方法内有重名的变量

一个类允许包含多个方法，两个方法内有重名的变量是可以的，因为它们都是局部变量，都仅限于方法内部使用，它们尽管重名，但它们是一种"老死不相往来""风马牛不相及"的关系。

（2）方法内的变量和方法参数重名

一个方法内的变量不可以和方法参数重名，如果发生这种错误，编译无法通过。因为它们都是同属于一个方法、同样是局部变量。

（3）成员变量和局部变量重名

成员变量即属性，属性可以和局部变量重名。只不过二者的使用范围不同。属性可以在类的任何方法体内使用，但局部变量只能在本方法体内使用。如果遇到属性和局部变量重名时，则属性仅在这个方法内无效，起作用的是这个方法内的同名局部变量。这种情况专业术语叫"隐藏"，即属性到了此处，因有同名，所以只好暂时"躲避"一下，毕竟"县官不如现管"。

如果这个"县官"非要在此方法内"开展工作"，则需要在属性前加上一个"this."修饰词，意思是我是属于类的，我是县里派来的，没见我前面有车开道吗？

例 4.23　编写一个属性和局部变量重名的示例程序（见图 4.29）。

```
ThisTest.java
 1 ┌ class ThisTest
 2 │ {
 3 │     public static void main(String args[])
 4 │     {
 5 │         AAA x=new AAA();
 6 │
 7 │         x.set(2000);    //将1000传给x类的set方法
 8 │         int y=x.get(); //得到x中的属性n的值
 9 │
10 │         System.out.println("y的结果为" +y);
11 │     }
12 │ }
13 │ /*=============================*/
14 ┌ class AAA
15 │ {
16 │     int n;          //类A的属性n
17 │
18 │     void set(int n) //参数n(它属于局部变量)
19 │     { this.n=n;     //属性n等于参数n
20 │     }
21 │     int get()
22 │     { return n;     //返回属性n
23 │     }
24 └ }
```

```
C:\Program Files\Xinox S
y的结果为2000
Press any key to continue..
```

图 4.29　属性和局部变量共用程序示例

忠告：

①不是万不得已，应尽量避免属性和局部变量重名。

②方法体内的局部变量最好在方法体开始位置集中声明并赋初始值。

这样做的好处是不容易引起忘记声明或重复声明的问题，它能大大减少局部变量和属性重名的可能性。另外，它还能避免局部变量未赋初值就使用的错误。

在使用前临时声明变量是一种不负责任的行为，最终会自食其果。

4.6.7　实例数组

第 2 章已介绍过，不论数组是属性还是局部变量，数组在指定元素个数后，每个元素都会自动生成一个默认值。

现在，这一规则进一步需要改为：如果数组中的元素为某个类的实例，则其默认值为null。即数组中的任何一个实例在使用前，必须初始化。

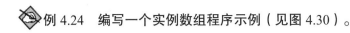例 4.24　编写一个实例数组程序示例（见图 4.30）。

```java
class ClassArray
{
    public static void main(String args[])
    {
        A[] a=new A[10];        //实例数组做局部变量

        for(int i=0;i<10;i++)
            a[i]=new A();       //初始化数组中的每个实例

        a[0].rate=200;          //使用某个实例
        System.out.println(a[0].rate);
        System.out.println(a[4].rate);

        /************************************************/
        B b=new B();
        b.init();               //运行会引起未初始化错误
    }
}
//================================================
class A
{
    int rate=100;
}
//================================================
class B
{
    A[] a=new A[10];        //实例数组做属性
    void init()
                            //要保证程序不出现异常
    {
        a[0].rate=800;      //需要在此行前加上一行语句:
    }
}
```

图 4.30　实例数组示例程序

图 4.30 中的第 8 行为 for 循环的执行体。因为是执行体只有一条语句，所以没有必要将此句放入一对大括号内。一对大括号于是被省略。

此程序能够通过编译，但运行此程序，却会在第 30 行出错（见图 4.31）。出错原因是 Null Point Exception（即无处可以赋值），即未初始化实例元素 a[0] 错误。

```
C:\Program Files\Xinox Software\JCreatorV3\GE2001.exe
200
100
Exception in thread "main" java.lang.NullPointerException
        at B.init(ClassArray.java:30)
        at ClassArray.main(ClassArray.java:16)
Press any key to continue...
```

图 4.31　未初始化实例元素错误提示

如果在第 27、28 行间插入一对大括号，括号内插入第 7、8 行。再编译运行程序，会发现程序错误已排除，这是因为程序中加入了初始化语句。

如果不在第 27、28 行插入初始化语句，也可以在第 30 行前插入一条初始化语句 A a[0]= new A（ ）;，错误也可以排除，反之，如果将第 7、8 行删除，再编译运行程序，同样可以发现第 10 行同样会出现未初始化错误。

由此可知，数组中的元素可以是实例；不论是实例数组做属性（第 27 行）或实例数组做局部变量（第 5 行），实例数组中的元素在使用前，一定要初始化。

第 5 章　按类编程进阶

本章将在前一章的基础上，介绍一些按类编程的中级知识。

5.1　特殊方法

方法是按类编程的重要部分，而且方法的有关内容也很多，有必要进一步掌握。

5.1.1　参数传递知识

由第 4 章可知，参数就是方法名后面括号内的各种变量。

参数由调用者传给数据，供方法内部使用。这一过程称为参数传递。

问题是方法内部在修改了这些参数的值以后，会对调用者有影响吗？

我们通过下面的程序会得出结论。

◆ 例 5.1　编写一个试验修改参数是否影响调用者的示例程序（见图 5.1）。

```
PassSimpleTest.java
 1
 2  class PassSimpleTest
 3  {
 4      public static void main(String args[])
 5      {
 6          String s="张三";
 7          int x=80;
 8          int[] y={1,2,3};
 9
10          A a=new A();
11          a.change(s,x,y);
12
13          System.out.println(s);
14          System.out.println(x);
15          System.out.println(y[0]);
16      }
17  }
18  //=======================================
19  class A
20  {
21      void change( String s,int x, int[] yy )
22      {
23          s = s+"aaaaaa";
24          x=x+200;
25          yy[0]=8888;
26      }
27  }
```

```
C:\Program Files
张三
80
8888
Press any key to co
```

图 5.1　修改参数是否影响调用者的试验示例

由图 5.1 可以看出，主类中定义了三个变量，在调用了实例 a 的 change 方法后，打印结果显示："张三"依然是"张三"，80 依然是 80，但数组 y 的第 0 个元素却由 1 变为了 8888。

由此可知，Java 中的参数传递分为两种截然不同的方式：

（1）数组参数和实例参数传递采用的是引用（call-by-reference），通俗地讲，是借调过来帮忙的，即使参数名称和原数组名称不同，也是指同一个数组。所以，在方法内改变方法参数的值，就是改变调用者的值。例如：图 5.1 的第 25 行改变了数组参数 yy 的第 0 个元素的值，实际上改变的是调用者中的数组 y 的第 0 个元素的值。从打印的结果中可以看出，main 方法中的 y[0] 的值已由 1 变成了 8888。

（2）其他参数的传递采用的是传值（call-by-value）。通俗地讲，方法得到的参数值是复制品。所以，在方法内如何处理参数的值，和调用者没有任何关系。例如：图 5.1 的第 23 行改变了参数 s 的值，但从打印的结果中可以看出，main 方法中 s 的值丝毫未受影响。

下面，读者将看到，对象参数的确是一种引用。

5.1.2　对象作为参数

到目前为止，读者使用过简单类型的数据作为方法的参数，如 int 型、double 型，也用过一些复合类型，如 String 型、数组。实例同样是一种数据类型，因此，实例作为一种复合类型数据，也可以做参数。

例 5.2　编写一个实例作参数的示例程序（见图 5.2）。

```
PassObjectTest.java

1  class PassObjectTest
2  {
3      public static void main(String args[])
4      {
5          A a1 = new A();    a1.m=20; a1.n=333;
6          A a2 = new A();
7
8          B b=new B();
9          b.pp(a1,a2);    //实例做参数
10         System.out.println( a2.m+"   "+ a2.n);
11     }
12  }
13  //=====================================
14  class A          //A是一个类，它有两个属性
15  {
16      int m;
17      int n;
18  }
19  //=====================================
20  class B          //B是一个类，它有一个方法
21  {
22      void pp(A x, A y) //实例做参数
23      {
24          y.m = x.m;      //将实例a1的m值赋给a2的m
25          y.n = x.n;      //将实例a1的n值赋给a2的n
26      }
27  }
```

```
C:\Program Files\Xinox So
20  333
Press any key to continue...
```

图 5.2　实例参数示例

通过图 5.2 可以看出，主类中，定义了两个实例 a1、a2。其中只给 a1 的属性赋了值，即主类并没有给 a2 的属性赋值。但打印结果表明，a2 的两个属性都不是默认值。其原因就是因为第 9 行的语句将 a2 借调给了 pp 方法，借调过程中，pp 通过赋值"贿赂"了 a2，结果，a2 就不再是"一身清廉"了。打印结果显示，a2 虽然只"贪"了 20 万，但结识的"小姐"却不下 300 个。

5.1.3 main 方法的特殊性

main 方法是一个特殊的方法，这主要表现在：

（1）main 是一个 Java 应用程序的开始。即不论程序多庞大、多复杂，都从 main 方法内的第一个语句开始执行。因此，一个应用程序必须有且只有一个 main 方法。没有 main 方法，一个程序虽然能够通过编译，但无法运行，因为 JVM（Java 虚拟机）找不到 main 方法，就"无从下手"，程序无法开始。

（2）在 java 中，凡是方法必须写在类内部。尽管 main 方法有着特殊的身份，但"领导也是人"，它必须写在某个类内。习惯写法是，包含 main 方法的类中只有一个 main 方法，没有其他任何属性和方法，此类名和程序名相同。

（3）main 方法的书写格式基本上是固定的，这是因为 java 规定，它必须是公有的（public）、静态的（static）、无返回值的（void），其参数必须是 String 类型的数组（字符串数组）。

main 方法的书写格式一般为图 5.3 所示的样式。

```
public static void main(String args[])
{
    .......   //属性或方法
    .......
}
```

图 5.3 main 方法的一般书写格式

在这个格式中，一个词都不能少。其中 public 和 static 位置能够互换，但 void 位置不能改动。参数名 args 还可以改为其他变量名，但一般人没有这种怪癖。

5.1.4 main 方法参数的用法

一般情况下，main 方法很少使用参数。

main 方法的参数和一般方法的参数来源不一样，一般方法的参数是通过实例的方法调用时给出的。而 main 方法是由 JVM 启动的，即由 java.exe 调用的，所以，其参数来源是在命令中给出的。

例 5.3　编写一个 main 方法的参数用法示例程序（见图 5.4）。

```
MainTest.java
 1  class MainTest
 2  {
 3      public static void main(String args[])
 4      {
 5          System.out.println("参数个数为: "+args.length);
 6
 7          if(args.length>0)
 8              System.out.println("第一个参数为: "+args[0]);
 9      }
10  }
```

图 5.4　main 参数用法示例程序

程序编译通过后，可通过如下方法体验参数的用法：

（1）打开"我的电脑"，找到 MainTest.class，将其粘贴到 C 盘根目录（见图 5.5a）。
（如果新建程序时的目录为 C:\，此步可省略）

（2）如果是 Windows98，则从"开始"菜单中的"程序"组找到"MS-DOS 方式"菜单项；
如果是 WinNT/Win2000/WinXP，则可以从"开始"—"程序"—"附件"中找到名为"命令提示符"的菜单项。

（3）单击此菜单项进入 DOS 方式。

（4）在闪烁的光标后输入命令"cd \"并按回车键（见图 5.5b）。这个命令的意思是转到 C 盘的根目录，如果进入 DOS 方式后不是在 C 盘，则需要先输入一个"C:"命令并按回车键。

（5）在闪烁的光标处输入运行程序的命令"Java　MainTest　Yeah Great！"并按回车键（见图 5.5c）。

（a）进入 DOS 状态　　　（b）输入命令"cd\"　　　（c）运行 MainTest 程序

图 5.5　Java_home 系统变量设置对话框

运行程序时注意（见图 5.5 的（c）图）：

①程序名区分大小写；

②一定不要输入程序的扩展名".class"；

③多个参数间必须用英文空格做间隔。如果使用其他符号，比如英文逗号或中文空格，则相邻的两个参数会被视为一个参数。

由图 5.5 可以看出，运行一个 Java 程序所需的命令格式为：java 程序名 参数名。

如果参数为中间含有空格的字符串怎么办？回答是，可以用其他字符代替空格。但这是个意义不大的问题。

如果在程序中再编写一个打印第二个参数的命令，则"Great！"就会被打印出来。

通过这个实验，读者明白了一个 java 普通应用程序的启动过程。这个过程的确有些繁琐，幸运的是以前每次运行一个程序时，一切都由 JCreator "代劳" 了，我们只需用鼠标单击一下按钮。（编译一个 Java 源程序实际上也是执行了一条命令"Javac 源程序文件名 .java"）。

但要在 JCreator 中为 main 方法输入参数，需要进行如下设置：

（1）单击 JCreator 菜单中的 Configureà Options，屏幕弹出图 5.6 所示的对话框。

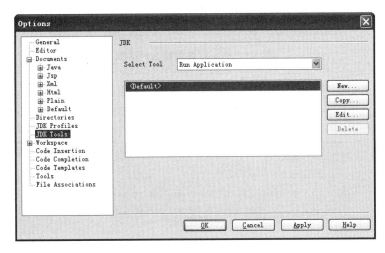

图 5.6　配置 JCreator 对话框

（2）在对话框中顺序做出三个选择：JDK ToolsàRun Applicationàdefault，再单击"Edit"按钮，屏幕会弹出图 5.7 所示的对话框。

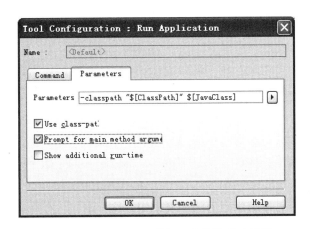

图 5.7　配置 JCreator 编译—参数选项对话框

（3）在图 5.7 所示的对话框中单击 Parameters 属性页，选中选项"Prompt for main method argum…"复选框（运行前出现 "main 参数"提示对话框）。

（4）单击"OK"按钮。

设置完毕，再单击运行按钮 ，即会弹出图 5.8 所示的对话框，要求输入 main 方法的参数。这个对话框又叫"命令行参数对话框"。如果以后不想每次运行程序前都出现这个对话框，需要去掉设置第三步选中的选项。

图 5.8　命令行参数输入对话框

例 5.4　在命令行参数对话框中输入两个数，然后程序输出这两个数的和。（见图 5.9）。

```java
class MainTest
{
    public static void main(String args[])
    {
        //如果不是两个参数，则返回(不再向下执行)
        if(args.length<2) return;

        String s1=args[0];
        String s2=args[1];

        int x=Integer.valueOf(s1);
        int y=Integer.valueOf(s2);
        int z=x+y;
        System.out.println(z);
    }
}
```

图 5.9　main 方法参数用法的示例

程序说明：

在运行图 5.9 所示的程序之前，应使 JCreator 弹出命令行参数对话框。如果输入的内容和图 5.8 一致，则会打印出 500 的结果。

程序分析：

通过本程序，可以知道命令行中的内容到程序中变成了 args 数组中的值。args 数组是字符串数组，即命令行的任何内容都是字符串，即使输入的是数字，实际上也是字符串。这是图 5.9 最想说明的问题。

程序中给出了将字符串转为数值的示例语句。这个语句将在后续章节中详述。

5.1.5　什么是方法重载

方法重载（overload）又叫过载，就是在一个类中编写两个或多个同名方法，这些方法的参数类型和参数个数一定不能相同，返回值类型可以不同，也可以相同。

重载的方法很多，比如 println（ ）方法，括号内的参数既可以是字符串，也可以是数值或其他类型的数据。

例 5.5 设计一个计算正方形面积的类，使得不论给定的值是整型数据还是双精度数据，都可以得到正方形面积（见图 5.10）。

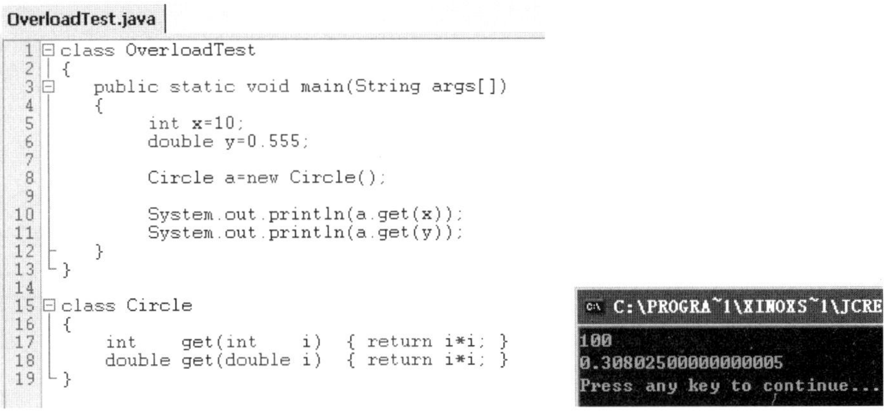

```
OverloadTest.java

 1  class OverloadTest
 2  {
 3      public static void main(String args[])
 4      {
 5          int x=10;
 6          double y=0.555;
 7
 8          Circle a=new Circle();
 9
10          System.out.println(a.get(x));
11          System.out.println(a.get(y));
12      }
13  }
14
15  class Circle
16  {
17      int    get(int    i)  { return i*i; }
18      double get(double i)  { return i*i; }
19  }
```

```
C:\PROGRA~1\XINOXS~1\JCRE
100
0.30802500000000005
Press any key to continue...
```

图 5.10　方法重载程序示例 1

在图 5.10 中，重载了 get 方法，两个方法的差异之处是方法类型不同（即返回值类型不同）、方法的参数类型不相同。

当使用重载方法时，我们不必关心程序执行的是重载方法之中的哪一个，JVM 会自动调用重载的各个方法中的最适用的一种。

Java 不允许两个方法的方法名、修饰符、参数等完全相同。

由于实数的表示及运算在计算机内部很复杂，所以不便讲述为什么图 5.10 结果图中双精度结果的尾部多出了个 5，我们只需知道双精度的有效位数是 15 位。

5.1.6　方法重载技术的优点

"+"号既有加法功能，又有字符串连接功能。因此，加号是一种重载运算符。

方法的重载使得一种方法有多种功能。程序变得灵活、方便，扩展性、兼容性强，适应面广。

例 5.6　利用方法重载，编写一个类，它能找出两个整数、三个整数、整数数组中的最大数。

程序分析，根据程序要求，可以定义一个类，类中有求最大数的方法。但这个方法必须重载，才能实现一种方法有多种参数个数和类型的要求。

具体实现程序及编译运行结果见图 5.11。

```
OverloadTest2.java
 1  class OverloadTest2
 2  {
 3      public static void main(String args[])
 4      {
 5          int[] n={1,3,5,6,4,2};
 6          A a=new A();
 7
 8          int x=a.getMax(1,2);
 9          int y=a.getMax(3,1,2);
10          int z=a.getMax(n);
11          System.out.println(x+" "+y+" "+z);
12      }
13  }
14
15
16  class A
17  {   //============================================
18      int getMax(int i,int j)    //取两个数中的最大数
19      {
20          int m=(i>j)?i:j;
21          return( m );
22      }
23      //============================================
24      int getMax(int i,int j, int k) //取三个数中的
25      {
26          int x = getMax(i,j);
27          int y = getMax(x,k);
28          return(y);
29      }
30      //============================================
31      int getMax(int x[])            //取n个数中的最大数
32      {
33          int temp=x[0];
34          for (int i=1;i<x.length;i++)
35              temp=getMax(temp, x[i]);
36          return(temp);
37      }
38  }
```

```
C:\PROGRA~1\X
2 3 6
Press any key to
```

图 5.11   方法重载示例 2

图 5.11 所示的程序尽管较复杂，但很有趣的是，在类 A 内部，存在着很微妙的关系，后两个 getMax 方法都在方法体内调用了第一个 getMax 方法。

由方法重载，读者会想到人。人有两只手，这也是一种重载。

5.1.7   什么是构造方法

构造方法（constructor method）一词很抽象，因此，为了弄明白什么是构造方法，先看一个示例。

例 5.7　编写一个构造方法示例程序（见图 5.12）。

```
ConstructorTest.java
 1  class ConstructorTest
 2  {
 3      public static void main(String args[])
 4      {
 5          Square aa=new Square(20);
 6      }
 7  }
 8  //==========================================
 9  class Square                    //计算正方形面积
10  {
11      int s;
12
13      Square(int x)
14      { s=x*x;
15        print();
16      }
17
18      void print()
19      { System.out.println("正方形的面积为"+s);
20      }
21  }
```

```
C:\Program Files\Xinox So
正方形的面积为400
Press any key to continue...
```

图 5.12　构造方法示例

通过分析图 5.12 所示的程序及结果的关系可知，Square 类是一个特殊的类，它能在创建实例时运行类中的同名方法。类特殊的原因是这个类内的 Square 方法特殊。它是一个构造方法。

构造方法，也叫构造函数、构造器，它是一种特殊的方法。这种方法有如下特点：

（1）方法名必须和类名相同。注意：大小写也必须完全一致。

（2）一定不能有返回值类型。注意：方法前即使 Void 也不能写。

如果一个方法有返回值类型，则即使方法名和类名相同，也不是构造方法。

图 5.12 所示的程序中，因为无需 Square 类做其他工作，因此，一般不必为实例起名，只需将第 5 行直接写为 "new Square（20）;" 即可。

包含构造方法的类叫构造类。通过这个示例，读者了解了构造类的特点：构造类在创建实例时，能够自动运行构造方法。

5.1.8　隐式与显式构造方法调用

Java 中，任何子类是由父类扩展来的，最大的父类是 Object（第 7 章后详述）。读者通过想象也可以知道，子类程序执行时，即使类中没有调用父类的语句 super（　），也都必须先执行父类代码（代码即程序语句）。因此，Java 在编译时，还要 "暗地里" 为程序补上一个构造方法以达到先执行父类代码的目的。这个 "暗地里" 补上的构造方法很简单，它没有任何参数，且方法内只有一句程序语句 super（　）；这被称为隐式构造方法调用。

图 5.12 所示的程序为隐式构造方法调用。

读者也可以将调用父类的语句 super（　）;写在子类中，这叫显式构造方法调用。super（　）;语句写好之后，就不用劳驾 Java 编译器了。Java 规定：必须将 super（　）放在构造方法体内的第一行。

要将隐式构造方法调用改为显式构造方法调用很简单，例如：在图 5.12 的第 14 行大括号后加上一句 super（ ）;，即能完成这一转变。

◆ 例 5.8　编写一个显示构造方法调用类（见图 5.13）。

```
ConstructorTest2.java
1  class ConstructorTest2
2  {
3      public static void   main( String args[] )
4      {
5          new Query(70);
6      }
7  }
8  //=======================================
9  class Query            //查询一个考分是否及格
10 {
11     public Query(int x)   //注意: 是大写方法
12     {
13         super();          //显示构造方法调用
14         if (x)=60) System.out.println("及格");
15         else        System.out.println("不及格");
16     }
17 }
```

```
C:\PROGRA~1\XINO
及格
Press any key to co
```

图 5.13　显示构造方法调用示例

图 5.13 的第 13 行使用了显示构造方法调用。读者没有必要考虑 Query 类的父类是谁。这句程序也可以删除，但即使我们将它删除，编译器也会为你补上。

5.1.9　构造方法重载

构造方法也可以重载。

◆ 例 5.9　编写一个构造方法重载示例程序（见图 5.14）。

```
OverloadConstructorTest.java
1  class OverloadConstructorTest
2  {
3      public static void   main( String args[] )
4      {
5          new A();    //简写，无需声明实例名
6      }
7  }
8  //=======================================
9  class A
10 {
11     A(int x)  //构造方法
12     {   System.out.println("ccc"+x);
13     }
14
15     A()        //构造方法重载
16     {
17         this(12);  //调用A(int x)
18         System.out.println("bbb");
19     }
20 }
```

```
C:\PROGRA~1\
ccc12
bbb
Press any key t
```

图 5.14　构造方法重载示例

图 5.14 所示程序运行过程如下：

第 1 步：整个程序运行时，先要执行 main 方法中的语句 new A（ ）;。

第 2 步：由于实例化的是无参数的类 A，因此，将运行类 A 的无参数构造方法 A（　），即调用将最先从类 A 的第 15 行开始执行。

第 3 步：无参 A 方法执行的第一条语句是执行 this（12）；构造类内的 this 总是指同一个类中的其他构造方法。因此，最先输出 ccc12；然后回到无参 A 方法，向下继续执行。

第 4 步：输出 bbbà 结束实例 àmain 方法结束 à 整个程序结束。

注意：本程序中，this 不能写成无参数的 this（　），即调用构造器 A（　）。这是因为 this 语句本身就在方法 A（　）内，如果调用构造器 A（　），就会形成无休止的递归调用，编译肯定不能通过。

5.1.10　用构造方法初始化属性

类的属性可以在定义时直接赋值，也可以在初始化块中赋值，还可以用构造方法赋值。构造类创建实例时，会自动运行构造方法，也就意味着构造方法中的属性赋值语句自动被运行，即实现了属性的初始化。

◈ 例 5.10　编写一个利用构造方法初始化属性的类（见图 5.15）。

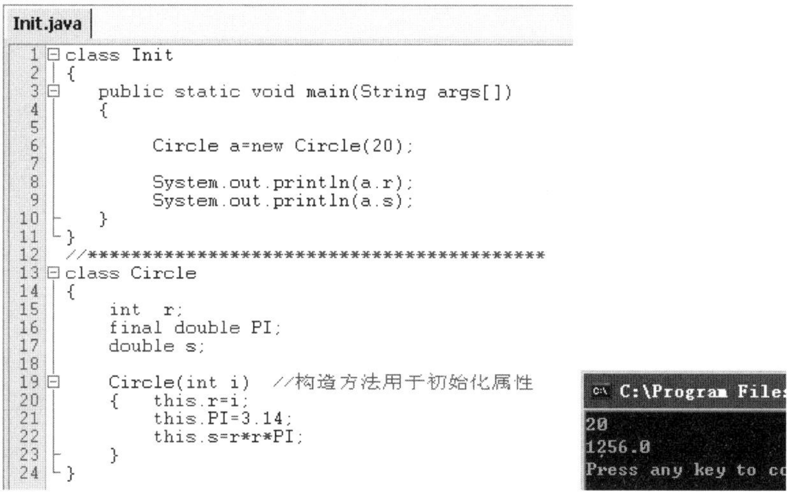

```
Init.java
 1  class Init
 2  {
 3      public static void main(String args[])
 4      {
 5
 6          Circle a=new Circle(20);
 7
 8          System.out.println(a.r);
 9          System.out.println(a.s);
10      }
11  }
12  //****************************************
13  class Circle
14  {
15      int  r;
16      final double PI;
17      double s;
18
19      Circle(int i)  //构造方法用于初始化属性
20      {   this.r=i;
21          this.PI=3.14;
22          this.s=r*r*PI;
23      }
24  }
```

```
C:\Program Files
20
1256.0
Press any key to co
```

图 5.15　利用构造方法初始化属性示例

5.1.11　递归方法

这一节不是必考内容，可做一般了解，有兴趣的读者请仔细阅读程序分析部分。

Java 支持递归（recursion）。递归就是方法调用方法自己。最典型的递归方法是计算阶乘。

◆例 5.11 编写一个利用递归计算阶乘的类（见图 5.16）。

```java
class RecursionTest
{
    public static void main(String args[])
    {
        long x=A.fact(5);
        System.out.println("5的阶乘为"+x);
    }
}
//=====================================
class A
{
    static long fact(int n)
    {
        if(n==1) return 1;
        else return n* fact(n-1);
    }
}
```

```
C:\Program Files\X
5的阶乘为120
Press any key to cont:
```

图 5.16 递归计算阶乘示例

图 5.16 的第 15 行为递归调用，即在 fact 方法中调用 fact 自己。其实理解起来并不难，结合图 5.17，分析如下：

（1）第 15 行调用时为 n*fact（n-1），n 为已知 5，因此，要得到此式结果，必须先计算 fact（n-1）。即要计算 fact（4）。

（2）fact（4）的调用结果为 4*fact（3），这时，必须先计算 fact（3）。

（3）fact（3）的调用结果为 3*fact（2），这时，必须先计算 fact（2）。

（4）fact（2）的调用结果为 2*fact（1），这时，必须先计算 fact（1）。

（5）fact（1）的调用结果为 1，即 fact（1）=1，这时，可算出 fact（2）= 2。然后，可算出 fact（3）=6，接着可算出 fact（4）=24，继而可算出 fact（5）=120。递归调用结束。

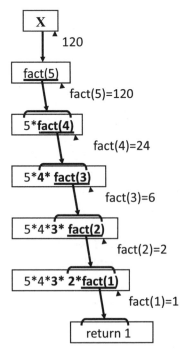

图 5.17 递归示例分析图

5.2　抽象类

抽象一词，给人的感觉和虚无缥缈有些类似，都是难以变成现实。抽象类也是一种类，但它是一种没有编写完成的类，是一种半成品。这是一种对抽象类最通俗的解释。

5.2.1　什么是抽象类

读者都听说过画饼充饥的故事，现在将其改成 java 版：

（1）有位老者想象出了一种特别好吃的饼 A，但他只说这种饼需要 200 克水、200 克面粉、200 克油，他却一点也不会和面、烙饼。

（2）儿子从老父那里知道了这种饼，并发誓要做出这种饼，经过反复琢磨，最终想出了和面的方法，即将三种原料加在一起，结果做出了生饼 B，但说什么也不会烙，于是到儿子这辈只能做出还不能吃的生饼。

（3）孙子又继承了儿子的遗志，在前辈的基础上，最后摸索出了烙饼的方法，即将生饼放入热锅，等到饼重量减至一半时，可食用的饼 C 问世了。孙子终于实现了爷爷的宿愿。

（4）某位读者不相信，让孙子在他家真正做了一次，结果很快做出来了。他高兴极了：真是方便极了，想吃就吃。

这个故事完全可以写成一个 Java 程序。

◇ 例 5.12　将 Java 版画饼充饥的故事编写为一个程序（见图 5.18）。

程序说明：

这个比较长的程序是完全依照故事编写而成，其中，

1—8 行对应故事的第（1）段；

10—16 行对应故事的第（2）段；

18—29 行对应故事的第（3）段；

31—37 行对应故事的第（4）段。

```
AbstractTest.java
 1  abstract class A            //抽象类A中有两个抽象方法;
 2  {
 3      int water=200;           //知道先准备200克水,200克面,200克油
 4      int flour=200;
 5      int oil=200;
 6      abstract int add();                    //知道饼需三种原料和在一起,不知怎么和
 7      abstract float bake(float weight);   //知道饼需要烙,但不知道怎么烙
 8  }
 9  //========================================================
10  abstract class B extends A
11  {
12      public int add()              //类B实现了一个add方法,但bake方法未实现
13      {                             //B中还有抽象方法,因此,还必须为抽象类
14          return water+flour+oil;
15      }
16  }
17  //========================================================
18  class C extends B
19  {
20      public  float bake(float weight)   //类C实现了遗留问题
21      {                                  //不再含有抽象方法
22          return weight/2;               //因而也不再是抽象类
23      }
24
25      C()                                //类C还扩展了一个构造方法
26      {
27          System.out.println("饼重"+ bake(add()));
28      }
29  }
30  //========================================================
31  class AbstractTest
32  {
33      public static void main(String args[])
34      {
35          new C();        //要做一张200克面/200克油/200克水的饼
36      }                   //1: 1: 1最符合营养比例
37  }
```

```
C:\Program Fi
饼重300.0
Press any key to
```

图 5.18　抽象类发展到可实例化类的示例

程序分析：

图 5.18 所示的程序中：类 A 和类 B 都是在探索中，因而属于抽象类，类 A 和类 B 做不出饼来，即不可以创建实例。只有 C 能做出饼来，它可以创建实例，因此，C 不再是抽象类。

于是可以下这样的结论：

（1）抽象方法没有方法体。即没有大括号，更没有语句，只有一个分号；

（2）含有抽象方法的类一定是抽象类。即必须在类前写有 abstract 修饰符；

（3）抽象类只能被继承，不能创建实例。

对于程序设计而言：抽象类是一种还没有完全编写好的类，因此，这种类不能创建实例，只能产生子类，当子类完全实现了抽象父类中的全部方法后，这个子类就去掉了 abstract 的帽子，而是一种实实在在的类，就可以通过这个类创建实例。

5.2.2　为什么要写抽象类

Java 的类都是由抽象类扩展而成的，许多经典的类集也是由抽象类开始的。抽象类是建筑的蓝图，最终才是各式各样的建筑模型（可实例化的类），至于建在哪、面向东还是面向西、使用哪个厂家的水泥，那是开发商的事。

在实际编程过程中，抽象类的"始作俑者"往往是一些 Java 高人，当 Java 高人头脑中想创建并发展某一专业领域的类时，就会从零开始，从一个最宏伟、最简单的抽象类开始，通过不断继承和扩展，最后形成许多种可实例化的类。

5.2.3　方法的重写（override）

类 B 是 A 的一个子类，但 A 中的某个方法并没有实现（抽象方法），或 B 并不想继承 A 的某个方法，这时就需要在 B 中重新编写这一方法，即方法的重写。重写也叫覆盖。

方法重写要遵循以下规则：

（1）方法重写一定是在子类中。方法重载则既可以写在父类内，也可以写在子类中。

（2）构造方法在子类中只能重写，不能重载。

（3）方法的访问级别不能超过父类。即父类的此方法如果是 protected，则在重写时，一定不能写成 public。

（4）方法的参数个数、参数类型、参数序列必须与父类中的完全一致。如果父类方法有多个参数，则子类也必须有多个参数，并且参数的类型及序列也必须完全一致。

例如：父类方法声明为：protected void a（int x, double y, long z, String s）

则子类重写方法声明可以是 private void a（int l, double m, long n, String s）

（5）方法返回类型必须与父类中的完全一致。

（6）方法抛出的异常比父类更少或更小（异常将在后续章节中讲到）。

将以上 6 条简化，可转变为表 5.1 所示。

表 5.1　重载和重写之间的区别表

	重载	重写
方法位置	父类子类均可	子类中
参数个数 / 类型	必须不同	必须相同
返回值类型	可以不同	必须相同
范围修饰符	可以不同	只能相同或更小
异常	可以不同	只能相同或更少
构造方法	子类中不可重载	父类子类均可

根据上述规则，很容易判断出子类中一个方法是新增、重载还是重写。但三者只能选其一。

◆ 例 5.13　编写一个类重写示例程序（见图 5.19）。

```
OverrideTest.java
1   class A
2   {
3       public double circle(int r)
4       {
5           return r*r*3.14;
6       }
7   }
8   //=================================================
9   class B extends A    //重写了方法,为了提高准确度
10  {
11      public double circle(int r)
12      {
13          return r*r*3.1415926535897932;
14      }
15  }
16  //=================================================
17  class OverrideTest
18  {
19      public static void main(String args[])
20      {
21          System.out.println(new B().circle(2));
22      }
23  }          //print括号中内容为简写
```

```
C:\Program Files\Xinox S
12.566370614359172
Press any key to continue...
```

图 5.19　类重写示例

在图 5.19 所示的程序的第 21 行中，println 方法参数为简写，可以将此句程序改为以下三句：

```
B   bb = new   B ( );
Double x=bb.circle ( 2 );
System.out.println ( x );
```

这三句程序尽管简单，但 Java 中如果到处都是这种简单的程序，程序会变得特别长，还会产生很多无用变量，因此，这类精简写法还是很常见、很有必要熟悉的。

5.2.4　什么是多态

多态（polymorphism）一词来自希腊语，意为"多种形式"，实际上就是指一个方法的参数值可以是多种类型，这句话对应的最经典英语多态解释为：a value can belong to multiple types。

重载就是一种多态。一个重载方法，调用时，就可以使用不同的参数类型和数量，从而使程序有了很大的灵活性。

以前本书介绍的重载参数只使用的是原始类型，如整数、字符串等，如果参数是对象，程序又应如何写呢？

例 5.14 编写一个程序，计算体积为 1 立方米的水在地球和月球上的重量。

```
PMTest.java
1
2  abstract class  WeightCalc{
3      abstract void calc(int x);
4  }
5
6  class EarthCalc extends WeightCalc
7  {
8      void calc(int x)
9      {
10         System.out.println("地球上重:"+x);
11     }
12 }
13
14 class MoonCalc extends WeightCalc
15 {
16     void calc(int x)
17     {
18         System.out.println("月球上重:"+x/6);
19     }
20 }
21 //**********************************************
22 class PMTest
23 {
24     void test(WeightCalc obj)   //多态
25     {
26         obj.calc(1000);
27     }
28
29     public static void main(String args[])
30     {
31         WeightCalc e=new EarthCalc();
32         WeightCalc m=new MoonCalc();
33
34         PMTest t=new PMTest();
35         t.test(e);
36         t.test(m);
37     }
38 }
```

```
C:\Program Files\Xinox Software\JCrea
地球上重:1000
月球上重:166
Press any key to continue...
```

图 5.20　多态示例

在本例中，WeightCalc 有两个子类：EarthCalc 和 MoonCalc，相应地创建了两个 WeightCalc 实例 e 和 m，这两个实例被 test 方法调用时，虽然是同一类参数，却分别有不同的输出，表现出了不同的形态。因此，尽管 test 方法只有一种，但因其参数对象是多态的，因而此方法也是多态的。

由此可见，以实例做参数的多态主要表现在两个方面：

（1）实例参数创建语法比较特殊。它着眼于大类，使用"父类 x=new 子类（ ）"语法。

（2）方法的运行结果是多态的。

实例参数重载和人的思维很接近，比如本节的例子，要计算一件物体在不同星球上的重量，头脑中首先出现的是编写一个 test 方法，然后拿来一个星球做参数，然后调用其计算方法即可。尽管不同星球计算方法是多态的，但我们无须知道其如何计算的。

再如，我们要开不同的锁，也是通过编写一个开锁方法，然后拿来一个锁对象，调用其"开锁"方法即可，不同锁的实例的开锁方法是多态的，但我们无须关心锁内部是通过什么机制打开的。

又如，一个司机开车，被提供不同的车，却可以在同样时间内，开出不同距离。

由上可知，上述实例参数类型都是一个父类，实例本身是某个子类的实例。

通过这些例子可以看出，通过实例参数重载，编写多态方法，程序员的工作被大大减轻，而且编写出的方法有着极大的通用性。

所谓通用性，即方法编写完成后，要计算火星上的重量，本方法同样能够得到；有个最新发明锁，本方法同样能打开此锁；有个最新车型，本方法同样能得到行驶里程数。

多态在 OOP 高级编程中应用相当广泛。

封装、继承、多态是面向对象编程（OOP）的三大特征，其中多态最难以理解，但初学者仅需理解即可。

5.3　接　口

5.3.1　为什么要用接口

Java 的继承是单重继承，即使一个子类只能继承一个父类，经过代代发展（多次继承）最终也会使一个类的程序过于复杂、庞大和臃肿，这种单一继承形式有些像池塘中一个石子打出的水波纹，不断扩展、不断掺杂更多的因素而变得越来越复杂，进而导致程序有可能产生不可预知的错误——不知是自己还是哪个"祖上"出的错。因此，继承也不能滥用，继承的层数越多，程序越不可靠。

使用接口就可以很好地解决因继承而产生的负效应。

一个城市如果没有规划、漫无目的的扩展，城市就会变得越来越糟，子类如果任意扩展父类，结果也是一样的。城市要想避免私搭乱建的现象，就需要对扩展区域进行规划，类要防止随意扩展，就需要引入通用扩展规则——接口。

接口完全由常量和抽象方法组成。一个类"吸纳"了一个接口，等于完全按照接口扩展。就如同北京城一样，老区不动，扩建在二环以外，并按规划扩一个亚运村、再扩一个中关村……（见图 5.21）通过一个个的"接口"，使得北京城既有文化底蕴，又富时代气息。而有的城市总是在"重写""重载"，头脑发热时还要修广场、盖标志性建筑，其结果可想而知。

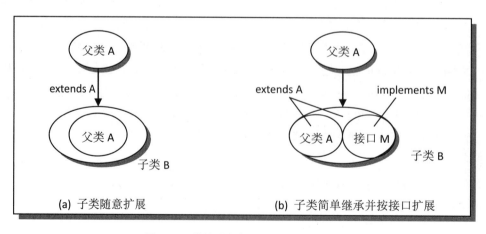

图 5.21　单纯继承与使用接口对比图示

既然接口是一种扩展规则，那规则不也是由普通程序员现编出来的吗？回答：一般不是，因为 Java 系统已经为读者提供了两千多个接口。

5.3.2　编写和应用接口

接口的应用很广泛，以后章节还会用到接口，尤其是在编写窗口应用程序过程中，接口用的更多。

继承和接口是编写功能强大的类的两种途径。

为了更进一步的了解和运用接口，下面给出一个简单的接口编写和应用示例程序。

◆ **例 5.14　编写一个检查成绩是否合理的示例程序（见图 5.22）。**

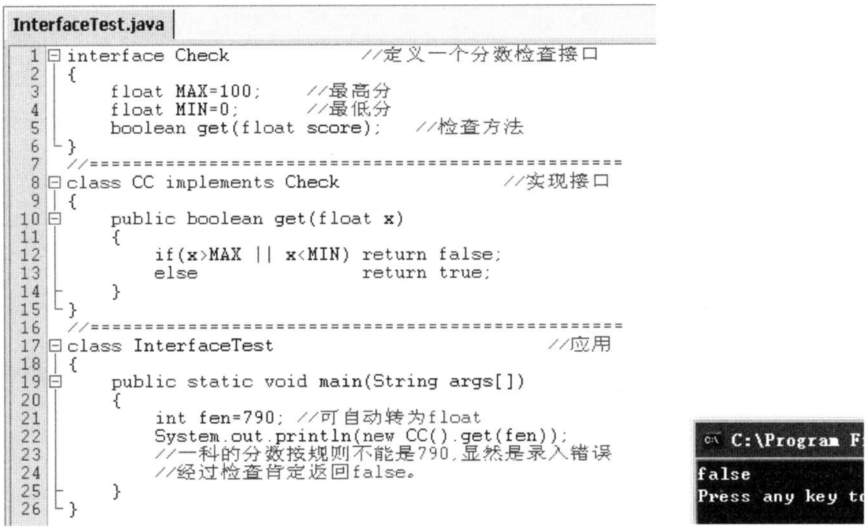

```
InterfaceTest.java

 1 □interface Check             //定义一个分数检查接口
 2 │{
 3 │      float MAX=100;       //最高分
 4 │      float MIN=0;         //最低分
 5 │      boolean get(float score);    //检查方法
 6 └}
 7 │//================================================
 8 □class CC implements Check         //实现接口
 9 │{
10 │      public boolean get(float x)
11 │      {
12 │          if(x>MAX || x<MIN) return false;
13 │          else              return true;
14 │      }
15 └}
16 │//================================================
17 □class InterfaceTest             //应用
18 │{
19 │      public static void main(String args[])
20 │      {
21 │          int fen=790; //可自动转为float
22 │          System.out.println(new CC().get(fen));
23 │          //一科的分数按规则不能是790,显然是录入错误
24 │          //经过检查肯定返回false。
25 │      }
26 └}
```

C:\Program F
false
Press any key t

图 5.22　接口编写和应用示例

通过图 5.22 可以看出，接口的标志词为 interface 而不是 class，使用并实现一个接口的用词为 implements 而不是 extends。

5.3.3　接口的规则

可以把接口看成是 100% 的抽象类。这是因为：

（1）接口内的属性必须全部是 public static final 型的常量。这些修饰符不必标明。由此也可以知道，接口中的属性值不可以修改。

（2）接口内的方法必须全部都是 public、abstract 型的方法。这些修饰符不必标明。由此也可以知道，接口中的方法是抽象方法，没有方法体，只能用分号结束。另外，接口内的方法一定不能标识为 final、native、strictfp、synchronized（以后会讲到此词）。

（3）接口只能继承接口。但可以一次继承一个或多个接口。

（4）接口的方法可以重载。

例 5.15 编写一个接口继承和重载的示例程序（见图 5.23）。

```
InterfaceExtendsTest.java
 1 □interface A
 2  {
 3       int aa();
 4 └}
 5  //========================================
 6 □interface B
 7  {
 8       double circle(int r);
 9 └}
10  //========================================
11 □interface C extends A,B    //接口C扩展接口A和B
12  {
13       int aa(int x);          //方法被三次重载
14       int aa(float x);
15       double aa(double x,double y);
16
17       void bb(String s);    //新定义的方法
18 └}
```

图 5.23　接口继承和重载示例程序

由图 5.23 可知，接口 C 实际上有 3 种方法，其中 aa 方法为多态方法。由此可知，一个可实例化的类如果要使用并实现 C 接口，必须将 C 的 4 种方法全部实现，其中多态方法 aa 要依照不同形态分别实现。

因为抽象类是没有写完的类，所以抽象类可以部分实现接口中的方法。

例 5.16 编写一个抽象类，实现接口中的部分方法（见图 5.24）。

注意：本程序编写的前提是图 5.23 所示的程序已编译通过，并且和本程序保存在同一文件夹内。

```
InterfaceExtendsTest2.java
 1  //抽象类中可以部分实现某些接口中的方法
 2
 3 □abstract class D implements C
 4  {
 5 □    public void bb(String s)
 6      {
 7          System.out.println(s);
 8      }
 9 └}
```

图 5.24　抽象类部分实现接口中方法的示例

由图 5.24 可知，类 D 只实现了接口 C 中的 bb 方法，还有 circle 方法、4 种 aa 方法没有实现，因此，类 D 只能是抽象类。

5.3.4　Java 系统类和接口

通过学习，读者已经感受到，如果拥有各种各样的类和接口，编写程序易如反掌。而 Java 正像我们期盼的那样，有着非常庞大的类库和接口库，其中包含各种类和接口共计七千多个。

要查看这些类和接口以及每种类和接口之间的层次关系，可以通过如下操作。

（1）在 JCreator 中按 Ctrl-F1 组合键，稍后，出现图 5.25 所示的帮助对话框。

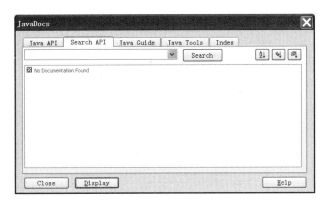

图 5.25　联机帮助对话框

API：应用编程接口（Application Programming Interface）。这里所说的接口和水管的接口是一个意思，家中有自来水管"接口"，就不必去打井或祈求上天下雨，直接使用即可。因此，API 实际上是一种 Java 编程的"基础设施"，是已编译好的可在我们的程序中使用的类库，可以拿来就用，不必一切都从零开始。

（2）单击 Java API 属性页 àIndex files，对话框变为图 5.26 所示的样式。

图 5.26　联机帮助索引

（3）双击 index-1，即可弹出类似图 5.27 样式的具体帮助窗口。关闭图 5.26 所示的对话框，再单击帮助窗口的 Tree 标签，即可显示图 5.27 所示的 Java 所有类和接口。

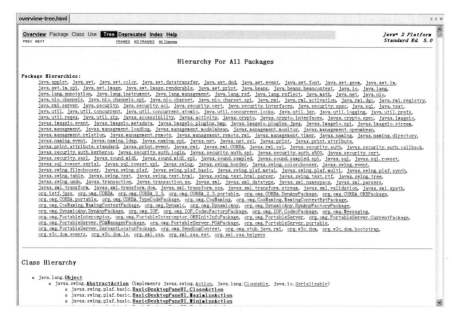

图 5.27　Java 类总体结构界面

此图上部显示的是Java的所有类包,下部显示的是所有的类之间的父子关系层次结构。这个层次结构很长,需要向下滚动几十页才能看完。这个帮助文档的后 1/3 是接口的父子关系层次结构。前面章节已经提到,接口是一种完全抽象的类,即它也属于类的一种。

可见 Java 这个大树是多么的茂盛,可用的资源是多么的丰富!

通过 Java 的帮助文档还可以看出,在 Java 中,所有的类都是由 Object 类扩展出的。

5.4　修饰符与保留字

前面已经介绍了很多有关修饰符与保留字的知识,在此特做总结。

5.4.1　类修饰符总结

通过对类修饰符的渐进性介绍,到现在为止,相信读者已对类修饰符有比较全面的了解,现给出类的完整语句格式:

[public | protected | private]　[abstract | final] [strictfp] class 类名　[extends 父类名]　[implements 接口]

在这个语句格式中,中括号表示可选项,中括号内的各词之间不可同时使用。

表 5.2 通过对以前介绍的类、属性、方法修饰符的整理,现以表格的形式加以汇总,以期对这些修饰符有更好的理解和掌握。

表 5.2　常用的 Java 的修饰符表

修饰符	类	属性	方法	意义
public	√	√	√	可公用的
protected	⊗	√	√	只能在包内使用，只能被子类继承
private	⊗	√	√	只能在类内部使用的
static	⊗	√	√	某个成员是静态的，程序中始终存在
final	√	√	√	最终的，不允许更改、不允许继承
abstract	√	⊗	√	没有落实的，必须被子类实现的
strictfp	√	⊗	√	严格按标准浮点运算规则运算
native	⊗	⊗	√	此方法中包含其他语言的代码

注：表中的"√"表示可以使用，"⊗"表示不可以使用。

5.4.2　Java 语言中的保留字

所谓保留字，即这些名字在 Java 中有特殊的意义，不能用于类名、方法名、变量等其他用途。表 5.3 是常见的 Java 保留字的大致分类表。

表 5.3　常用的 Java 的修饰符表

数据	控制	修饰符	其他
int	if	public	new
boolean	else	private	class
char	switch	protected	main
String	case	static	super
byte	default	abstract final native	this
double	do	strictfp	void extends interface implements
float	while	volatile transient	package import instanceof
long	for		goto
short	break		
true	continue		
false	return		
null	try		
	catch		
	throw		
	throws finally		
	synchronized		

说明：

（1）关键字除 String 外，必须小写。

（2）在编程中，这些词的误用会导致程序错误。

（3）在考试时，会出现一些属于 C++ 但不属于 Java 的词，如 include、unsigned、overload、friend、virtual 等，当遇到这类词时，一定要练就火眼金睛。

（4）特别注意有些词似是而非，如 protect、extend，它们都不是 Java 的保留字。

5.4.3 类书写注意事项

通过本章的程序范例可以得出以下知识点：

（1）类名、方法名、属性或变量名可以由字母、数字、下划线、美元符组成，但数字不能放在名字的首位，而且最好不要在名字中使用美元符、下划线一类的符号。任何名字内都不能有空格。这是因为在英文中，空格符是两个词之间的分隔符，一旦出现空格，就会被认为是两个名字。

（2）大括号内部是一个类或一个方法或一个控制语句的语句集合。

（3）一个程序文件中可以有多个类或接口，但其中只能有一个类可以声明为 public。如果这个文件中有一个为 public 的类，则该文件名必须和这个 public 类名相同。

（4）在所有类之前，即文件开始位置处，可以顺序书写三种内容：首先是包声明语句 package，其次是引入语句 import，最后是类（或接口）声明语句。三者顺序不可颠倒。

5.5 面向对象的编程思想

"封装" "继承" "多态" 是面向对象程序设计的三大特点。也是面向对象程序设计的核心思想。

5.5.1 什么是封装

通过本章的学习可知，类实际上是一个个独立的程序体，这个程序体对外只提供属性引用和方法调用，一旦一个类编写完成，就只需知道其属性及方法的具体用法，而不必关心其内部的具体实现过程。这就是 "封装（Encapsulation）"。

封装并不排斥扩展，类是可以不断扩展的，子类是对父类功能的进一步扩充或加强。通过接口，使得类的功能可以无限扩展，但并不会因此使类的复杂度成倍提高，所以，Java 中的 "继承" 技术也因此令人称道。

一个类编写好后，即可被看作一个独立的单位。在 "外观" 上，任何一个类都会被编译为独立包装的一个 class 文件。

封装的另一个含义：一个类不会也不可能干涉另一个类的内政（即外部不会改变一个类内部的处理过程）。

5.5.2 封装的好处

以上所讲的是封装的优点：独立性。由独立性可以导出封装的下述特点：
按类编程的好处表现在以下几个方面。

1. 编写某个类时，只需关注类内功能的实现方法

由于类内部是独立的，不受外界任何程序的干涉，因此，在设计某个类时，没有必要考虑本类之外的程序有多长、有多复杂，而只需考虑本类内部如何编程才能实现本类要完成的功能。

2. 使用某个类时，不必关心类的内部实现方法

有两个比喻能很好的说明封装的好处：

"领导只需发布命令、得到结果。掌握每个人到底如何做的那是侦探的事。"

"当你使用化妆品时，还要知道它是怎样加工出来的吗？"

封装的目的就是别人做好了一个个的类，你拿来用就行了，省时省力，"知其然但不必知其所以然"。完全不必关心类内是如何完成其功能的。例如，本书已多次用到了System.out.println（）语句，其中 System 就是 Java 本身提供的一个类。除非对其源代码感兴趣，否则我们完全没有必要知道 System 类内部是如何编程的。如果你非要事必躬亲，那请回到面向过程编程的阵营。

3. 程序的复杂度大大降低

传统的编程方法是过程式的，即一个程序的总体格局像流水账一样，程序功能越多，处理过程越复杂，程序就越长、越难以阅读、理解、修改。另外，一个复杂的程序就如同一张巨大的网，内部数据关系复杂，改动任何一处，都可能导致整个程序瘫痪。

按类编程是编程模式的一大进步，在这种模式下，过程不再是程序的主线，而是建立一个个具有最基本功能的类。类是组成程序的基本细胞，一个类可以调用其他类来完成更复杂的功能，一个完整的程序同样如此。就如同人是由细胞组成，若干细胞构成组织、若干组织构成系统、若干系统构成一个人、若干人构成一个团体……一个 Java 实用程序也会很长，但从整体上看，一个 Java 程序就是一堆类（及类的实例）的组合。程序并不会由于功能的增加而使复杂度直线上升。

4. 程序的独立性、灵活性和扩展性大大增强

由于类外部只是传给类数据，并没有干涉内部操作，因此，我们可以无限制的改正、改进类内部的处理过程，只要保证输出结果正确即可。这种维护是独立的，不相互影响的，不会因牵一发而动全身，因而可以说对类的维护是可行的和放心的。

对于一个类，可能会根据为其他程序服务的需要，又增添了新的功能。但这并不影响旧的用户。在旧用户看来，这个类还是老样子。但新用户的需求又得到了满足。因此，可以说封装使类内部的改造不受限制。

5.5.3 什么是消息传递

类或实例都是封装的，其内部是如何工作的不对外公开。于是，消息传递成为对象与其外部世界相互联系的唯一途径。

对象调用其他类的可用的属性或方法，就是在向其他对象传递消息，被调用对象则可以根据传来的消息，完成自身固有的某些操作，从而服务于其他对象。

所谓消息传递（Message Passing），实质上不过是以下四种数据操作过程（见图 5.28）：

（1）调用实例的属性值（或静态类的属性值）；

（2）修改实例的属性值；

（3）向方法传递参数值；

（4）得到方法返回值。

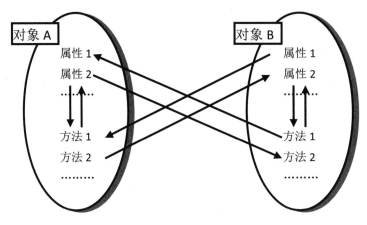

图 5.28　消息传递示意图

图 5.28 显示，类内部也存在消息传递现象，但类内部的各种变化都是封装的，封闭的，不为外界所知的（编写这个类的程序员除外）。

读者只关心一个类和外界沟通的过程。从图 5.28 中可以看出，即使在两个类之间，也可能存在很复杂的消息传递关系。实际上，一个程序是由多个实例或静态类组成，它们之间需要互相传递消息，程序之间以及程序和操作系统之间都需要传递消息。

消息驱动原理和现实人类社会是一致的：生活中存在着各种各样的具体的人的实例，没有这些实例与实例之间的信息传递，后果恐怕是难以想象的。

即使再隐密的消息，也有走漏风声的时候，人有窃听器，软件世界也不乏监听代码。即时翻译软件、防火墙软件、某些黑客程序都是监听高手。

我们把发送消息的对象称为"发送对象"（sender），而把接受消息的对象称为"接受对象"（receiver）。当然，一个对象可能既是发送对象，又是接收对象。

5.5.4　消息传递实例

一个对象，接到消息，才有动作，没有消息，就什么也不做。在一个复杂的应用中，显然需要传递大量的消息。

理解消息传递工作实质后，我们解释一个 Windows 工作现象，即"为什么右击不同对象，就会产生不同的菜单"。

这是因为在 Windows 中，当我们单击鼠标右键时，"鼠标驱动程序"（一个对象）就会获取这个动作，然后向"对象管理中心"（也是一个对象）询问当前位置是什么对象，假设是"网络邻居"图标，那么它就向"网络邻居"（也是一个对象）发出一个消息，让其显示出属性菜单。我们可以通过关机过程看到消息驱动在 Windows 中的重要作用。

Windows 的关机过程也是利用了消息传递：单击 Windows 的关闭系统按钮时，这个按钮将向"消息管理中心"对象发送一个"关机请求"消息，接到消息后，"消息管理中心"立即向每一个运行着的"对象"发送一个"准备关机"的消息，各对象听到这一消息后，立即各自展开"自杀"行动，并在结束自己前将已经关闭的消息传给"消息管理中心"。一切顺利的话，"消息管理中心"将发出一个"关机"命令给关机对象，一切就都 Over 了。

第 6 章 类的高级知识

本章主要介绍编写复杂类时，需要用到的 Java 编程知识和技术。第 5 章和第 6 章是 SCJP 考试的重中之重，因此，应反复认真学习。

6.1 内部类

内部类没有列入 SUN 认证考试大纲中，它主要出现在其他考试要点的程序内。

6.1.1 什么是内部类

内部类（inner class）又叫嵌套类（nested class），是指在一个类内部书写的类，即嵌套在一个类内的类。比如一个类 A 中有还有一个类 B，则类 A 是宿主类，类 B 就是一个内部类。

一般教材称宿主类为外部类、外围类（outer class），本书不采用此种称谓，这样的称谓容易和宿主类之外的类混淆。

◇ 例 6.1 编写一个内部类示例程序（见图 6.1）。

```
InnerTest.java
 1  class InnerTest
 2  {
 3      public static void main(String[] args)
 4      {
 5          Outer aa=new Outer();
 6          aa.pp();
 7      }
 8  }
 9  //==========================================
10  class Outer
11  {
12      private int x=800;   //宿主类内部属性
13
14      void pp()            //宿主类方法
15      {
16          Inner i=new Inner();
17          i.print();
18      }
19
20      class Inner          //内部类
21      {
22          void print()     //内部类方法
23          {                //调用宿主类属性x
24              System.out.println(x);
25          }
26      }
27  }
```

```
C:\Program File
800
Press any key to co
```

图 6.1 内部类示例

此程序编译后，将产生两个类文件：Outer.class 和 Outer$Inner.class。这说明后者也是一个独立的类。

由此图的第 16、17 行可以看出，宿主类内部要使用其内部类，也需要先定义一个内部类实例，再使用。

内部类有其存在的合理性：

（1）内部类可以调用宿主类内的成员（属性和方法），包括 private 成员，也可以被宿主类内的方法调用。

（2）如果内部类被声明为 private，则此内部类即被隐蔽起来，不能被宿主之外的类访问，也不能被宿主类访问。

内部类的恰当使用可以增加复杂类内部的清晰度，使其中的程序易于阅读和维护，滥用内部类会导致程序的复用程度降低，这违背 Java 类的原则。

一般编程过程中很少使用内部类，但在编写 applet（小应用程序）时特别有用。

6.1.2　内部类的种类

一般类只能使用 public 和默认两种范围修饰符。而内部类除此之外，还可以使用 protected、private、static、final、abstract、strictfp 修饰词，即用于方法的修饰词，除了 native 之外，都可以用于修饰内部类。可见，内部类约等于方法

内部类共有 4 种形式：

一、静态内部类

一个内部类如果使用了 static 修饰符，即为静态内部类。

对于普通类而言，一个类内的静态方法不能访问本类内非静态属性和方法。如果非要访问，则只能通过建立此类的实例，进而访问实例的属性和方法。但没有人愿意这样绕圈子。

静态内部类相当于宿主类的一个静态方法，它同样不能直接调用宿主类的属性和方法。因为有这个限制，所以，尽管可以定义一个静态内部类，但总体而言，静态内部类用的非常少，所以又称作特殊内部类。

二、普通内部类

没有声明为静态的内部类都是非静态内部类。由于静态内部类很少用，因此，一般所说的内部类都是指非静态内部类。这里，本书将其命名为普通内部类。

普通内部类中不能有任何静态属性或方法。

三、匿名内部类（anonymous inner class）

匿名内部类即一个没有名字的内部类。

读者在学习构造类时，曾建立无名构造类实例（见第 5 章图 5.13 第 5 行）。匿名内部类也是一种类似写法（详见本章 6.1.5 节）。

四、方法内的内部类

不仅一个类内可以有内部类，一个类的方法内部也可以有内部类。

普通内部类不包含匿名内部类和方法内部类。

6.1.3　内部类的调用方法

这里所说的内部类是普通内部类。

一个内部类编写完毕，只要它没有使用 private 修饰符，即可在其他类中声明和使用它，但使用方法有些特殊，我们通过一个示例说明。

◇ 例 6.2　编写一个内部类在其他类中调用的示例程序（见图 6.2）。注意：在编写此程序前，应先保证本程序所在的目录内存在编译好的图 6.1 程序产生的两个类文件。

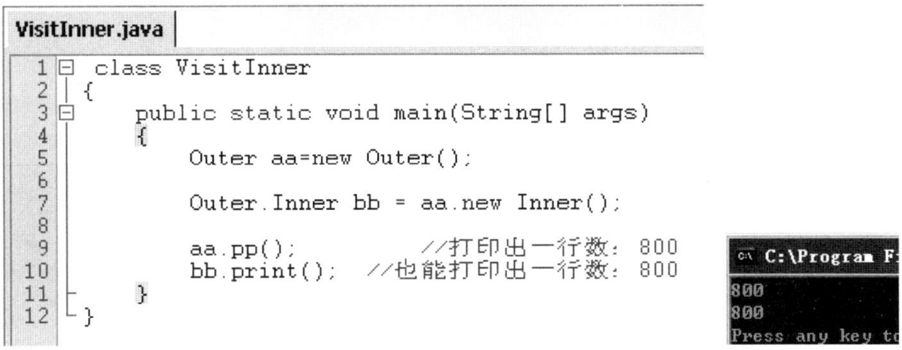

```
VisitInner.java
1   class VisitInner
2   {
3       public static void main(String[] args)
4       {
5           Outer aa=new Outer();
6
7           Outer.Inner bb = aa.new Inner();
8
9           aa.pp();        //打印出一行数：800
10          bb.print();   //也能打印出一行数：800
11      }
12  }
```

```
C:\Program F:
800
800
Press any key to
```

图 6.2　内部类在其他类中调用的示例

由图 6.2 可知：

（1）定义一个内部类实例前，需要先定义其宿主类的实例。

（2）定义了一个内部类实例后，其用法和一般类实例的用法没有区别。

（3）内部类的好处是既是一个独立的类，又可以调用其宿主类内的各种属性和方法，甚至可以调用其内部的私有属性。比如图 6.2 的第 10 行打印出的就是宿主类的私有属性。

先定义其宿主类的实例再定义内部类实例，这是一种明智之举，它能让人看懂，当然也可以将图中第 5、7 行和二为一，写成 Outer.Inner bb=new Outer（ ）.new Inner;。试想，程序中如果到处都是这种复杂的句子，很难保证不会出错。

以上介绍的是在其他类中调用内部类的方法。为了更好的掌握这种调用方法，可以和图 6.1 的第 16、17 行宿主类内部调用内部类的方法对照掌握。

6.1.4 变量重名

包含内部类的类代码一般比较冗长复杂，容易出现宿主类属性、类属性、类的某个方法内的局部变量重名的现象。对于变量重名，可以通过一个示例说明如何分别调用。

◈ 例 6.3 编写一个处理内部类内外变量重名的示例程序（见图 6.3）。

```
VarDistinguish.java
 1  class VarDistinguish
 2  {
 3      public static void main(String[] args)
 4      {
 5          new Outer();
 6      }
 7  }//==========================================
 8
 9  class Outer
10  {
11      private int x=12345678;
12      Outer()                          //宿主类使用构造方法
13      {
14          new Inner();
15      }
16
17      class Inner/*******************************************/
18      {   int x=80000;
19          Inner()                      //内部类使用构造方法
20          {   int x=250;
21              System.out.println(x);            //打印局部变量x值
22              System.out.println(this.x);       //打印内部类x属性值
23              System.out.println(Outer.this.x); //打印宿主的x属性值
24          }
25      }/*******************************************/
26  }
```

```
C:\PROGRA~1\
250
80000
12345678
Press any key to
```

图 6.3 变量重名解决方法示例

程序分析：

（1）在图 6.3 中，有两处使用了构造方法，简化了程序。

（2）如果要打印的三个变量不重名。比如分别是 x、y、z，则图中的第 21 — 23 行语句中变量前的前缀都可以省略。

6.1.5 匿名内部类

生活中有一个"以心换心"的故事：A 汽车公司 new 了一个编号为 aa 的汽车，张三买到手后，为了节省费用，张三将 aa 的汽油发动机改成了柴油发动机。

按以前的规矩，实例创建后，它会忠实的执行类代码，aa 号的汽车天生就不可能用柴油，那 Java 又是如何满足张三的需求呢？答案就是通过匿名内部类。

例 6.4 将 "以心换心" 的故事编成 Java 程序（见图 6.4）。

```
AnonymousClass.java
 1   class AnonymousClass
 2   {
 3       public static void main(String args[])
 4       {
 5           A aa=new A()
 6           {
 7               public void go()   //方法重写
 8               {
 9                   System.out.println("柴油发动");
10                   rate=188;
11               }
12           };                    //注意，这有个分号
13           aa.go();
14           System.out.println("时速"+aa.rate);
15       }
16   }
17   //==============================================
18   class A
19   {
20       int rate;              //车速属性
21       public void go()       //行使方法
22       {
23           System.out.println("汽油发动");
24           rate=160;
25       }
26   }
```

```
C:\PROGRA~1\XIN
柴油发动
时速188
Press any key to c
```

图 6.4 匿名内部类示例程序

在图 6.4 中，第 5 行很特殊：一般要声明一个实例 aa，在此行最后加一分号即表示声明完毕，但在这个程序中，分号被移至第 12 行尾，在此之前明显地插入了一个无名的类（6 — 12 行）。这个既没有名字、又在一个类内部，这个类就叫匿名内部类。

由此可见，一般来说，匿名内部类总是写在类声明语句的一对括号的后面、分号的前面。匿名内部类嵌在实例声明语句内。

实际上，这里只想用新方法替代实例中的方法，但 Java 规定，任何方法都要写在一个类中，所以，只好在新方法前后加上一对括号，并命名这种形式为匿名内部类。它从属于实例，如果仅是方法体，则无法表明从属于某个实例。

将图 6.4 中所示的程序和本节开始的故事仔细对照分析，可以知道：匿名内部类只用于重写实例中的方法。当然，也可以在匿名内部类中新定义属性、方法等，但写这些都是在做无用功，因为实例中根本就没有内部类定义的新属性、新方法，这些新属性和新方法在实例中没有任何用场。

匿名内部类也会在编译时生成一个独立的 .class 文件，例如图 6.4 中的匿名内部类的类文件名为 AnonymousClass$1.class。

由此例可知，改装汽车 aa 的事仅属于 aa，和类 A 没有关系，可以说，书写匿名内部类是一种临时需要。

注意：匿名内部类可以重写多个方法。

考试注意

（1）考试中会有多处出现匿名内部类，因此，应熟悉这种写法，不要被这种写法搞的晕头转向。

（2）由于匿名内部类是嵌在一个实例声明语句内的，因而，不论这个语句有多少行，都必须在语句后加分号（见图 6.1 的第 13 行）。这也是一个考试点。

6.1.6　匿名内部类转换为普通内部类

可以将一个匿名内部类转换为普通内部类。

◇ **例 6.5　修改"以心换心"程序，使其变为普通内部类应用程序（见图 6.5）。**

```
AnonymousToGeneral.java
1   class AnonymousToGeneral
2   {
3       public static void main(String args[])
4       {
5           class B extends A /***********************/
6           {
7               public void go()   //方法重写
8               {
9                   System.out.println("柴油发动");
10                  rate=188;
11              }
12          } /***********************************/
13
14          A aa=new B();
15          aa.go();
16          System.out.println("时速"+aa.rate);
17      }
18  }
19  //===========================================
20  class A
21  {
22      int rate;                //车速属性
23      public void go()         //行使方法
24      {
25          System.out.println("汽油发动");
26          rate=160;
27      }
28  }
```

```
C:\PROGRA~1\XIN
柴油发动
时速188
Press any key to co
```

图 6.5　匿名内部类改为普通内部类示例

在图 6.5 所示的程序中，A aa=new B（）可以写成 B aa=new B（）。前者实际上是突出匿名内部类的直观写法。

由本图可知，匿名内部类转为普通内部类后，程序的可读性大大提高。而且，如果类 B 并不调用宿主类中的任何成员，则没有必要寄生于其内部。其完全可以独立出来。

注意：图中的第 14 行是关键一行，它指出 aa 是类 A 的实例，它只能使用类 A 中存在的属性和方法，但执行方法时，如果方法被子类重写过，则要执行重写后的方法。

6.1.7　方法体内的内部类

方法体内的内部类证明了类可以写在任意位置，这就是 Java 所谓的一切都是类，任何位置都可以书写类。

例 6.6　编写一个方法体内的内部类应用示例程序（见图 6.6）。

```
InnerInMethod.java
1  class InnerInMethod
2  {
3      public static void main(String args[])
4      {
5          new Outer();
6      }
7  }
8  //============================================
9  class Outer
10 {
11     int x = 200;
12
13     Outer()     //构造方法
14     {
15         for(int i=0; i<10; i++)
16         { /***************内部类可写在方法内任何位置*/
17             class Inner
18             {
19                 void display()
20                 {
21                     System.out.println("outer.x=" + x);
22                 }
23             }/*************************************/
24
25             Inner aa = new Inner();
26             aa.display();
27         }
28     }
29 }
```

```
C:\Program Files\
outer.x=200
outer.x=200
outer.x=200
outer.x=200
outer.x=200
outer.x=200
outer.x=200
outer.x=200
outer.x=200
Press any key to cont
```

图 6.6　写在方法内的循环体内的内部类

方法体内的内部类使用注意事项：

（1）方法体内的内部类相当于局部变量，因此，它只能在其所在的方法体内部使用，即只能在这个方法体内书写类、建立实例、调用实例。本方法体之外的任何代码，都无法访问方法内的内部类。

（2）和普通内部类不同。不必标明也不能标明 private，方法体内的内部类只能是 private 类型的类。如果要标明，它只可以使用 abstract 或 final。

（3）方法体内的内部类也可以访问宿主类的任何成员。

（4）方法体内的内部类不能访问本方法体内的变量，只能访问方法体内的常量。否则无法通过编译。这也是一个备考需注意的细节。

如果是静态方法内的内部类，则只能直接（即无需定义实例）访问宿主类的静态成员。

（5）方法内的类要先写类再建立实例，否则无法通过编译。

6.2　异　常

过去软件开发的经验 40% 的工作是设计，60% 的工作是维护。可见要保证代码正常运行需要付出很大的努力。

以前很多软件不是用 Java 写的，其程序中的错误必须在正式应用前被测试出来并且不断完善。这种模式既笨拙又麻烦，Java 的异常机制有效地防止了程序员陷入这种困境。

6.2.1 什么是异常

异常（exception）是在运行时代码序列中产生的一种异常情况。换句话说，异常不是由于程序编写错误导致的错误（error），而是运行时由于运行条件不满足而产生的。比如想打开的文件不存在、网络连接突然中断、用户输入的数据超出预定范围、类文件丢失、机器硬件故障等。

一个常见的异常例子是除数为 0，比如要程序中有一个语句 x=a/（b-c），在某种情况下，可能 b 和 c 相等，这时，除数为零异常就会发生。

如果一个程序运行时出现异常，Java 会调用默认异常处理程序报告异常，并终止程序，以防止系统崩溃。

这里可以通过故意让系统出错来得到异常类型报告。

例 6.7 编写一个引发异常的示例程序（见图 6.7）。

```
ExceptionTest.java
1  class ExceptionTest
2  {
3      public static void main(String args[])
4      {
5          int x = 0;
6          int y = 10 / x;   //除以整数零错误
7      }
8  }
```

图 6.7 整除零引发异常程序

图 6.7 能够编译通过，但运行这个程序，肯定会引发异常，读者会看到图 6.8 所示的异常报告，并且发现程序已异常终止。

```
C:\Program Files\Xinox Software\JCreatorV3\GE2001.exe
Exception in thread "main" java.lang.ArithmeticException: / by zero
        at ExceptionTest.main(test.java:6)
Press any key to continue...
```

图 6.8 整除零引发异常报告

由图 6.8 可以看出，程序引起的异常类型为 ArithmeticException，具体错误为 by zero，即除以整数零错误。

但用户并不想接受异常，他们对程序的要求是程序本身能够发现异常，捕获异常并修正错误，保证应用程序在最大限度内能够正常运行，有效防止意外终止。

6.2.2 如何捕获异常

要防止和处理一个运行时错误，只需将要监控的代码放进一个 try…catch 结构就可以了。

例 6.8　编写一个异常处理示例程序（见图 6.9）。

CatchException.java

```
1  class CatchException
2  {
3      public static void main(String args[])
4      {
5          String s="this is a test";
6  
7          try//====================================
8          {
9              int x = 0;
10             int y = 10 / x;
11             System.out.println(y);
12         }
13         catch(ArithmeticException e)
14         {
15             System.out.println("除以整数零错误");
16         }
17         //=======================================
18 
19         System.out.println(s);
20 
21     }
22 }
```

```
C:\Program Files\Xi
除以整数零错误
this is a test
Press any key to conti
```

图 6.9　异常处理示例

由图 6.7 可以看出，try 块内的第 10 行执行时会引发异常，于是程序跳过第 11 行，跳出 try 块，转至第 13 行 catch 块。如果 try 结构中没有任何异常，则 13 ～ 16 行 catch 块不会被执行。

由示例程序可以看出：try…catch 结构的用法很简单，try 程序块用于书写可能引发异常的程序， catch 程序块用于书写程序万一出错后的错误处理语句。catch 块必须紧随 try 块之后。因此，try 块内的程序语句又被称作保护码。

程序第 13 行参数中的 e 是一个 ArithmeticException 类的实例。如果程序需要，可以在 catch 程序块内使用 e 实例，这和以前某个实例的用法一样。

对于一个高级程序，一处程序引发的错误可能某几种之一，这时，try 程序块后的 catch 程序块需要书写多个，并且各 catch 程序块之间不允许插入其他任何语句。

try…catch 结构非常科学，它将程序语句和错误处理语句明显的划分成两块，而不是掺杂在整个程序之中。

6.2.3　使用 finally

不少任务有这样一个特点，不论是否发生异常，最终都要圆满收场。比如打开一个网页，不论是否能访问到网页，网页打开过程是否出现异常，最后总要显示一句话：“任务执行完毕”。

为此，Java 设计了 finally 程序块，其特点为紧随 try 或 catch 程序块之后，不论是否出现异常，最后都要执行 finally 程序块。即使 try 或 catch 块内有 return 语句，也会在执行 finally 程序块后，才 return。

唯一能阻止 finally 程序块被执行的语句，是在 try 程序块内使用了程序结束语句 System.exit（ ）。System.exit（ ）的意思是 Terminates the currently running Java virtual machine.

The argument serves as a status code; by convention, a nonzero status code indicates abnormal termination. 即中止正在运行的虚拟机（当然正在运行的程序先要被终止）。括号内的参数表示正常终止还是强制终止，一般来说，非 0 表示强行终止程序。

final 和 finally 的之间有明显的区别，final 用于说明一个变量是常数，或者说明一个方法是不可改变的，或者说明一个类是最终的、不可继承的。而 finally 是一个控制结构，用于处理过程"最后圆满收场"。

◆ 例 6.9　编写一个 finally 示例程序（见图 6.10）。

```
FinallyTest.java
1  class FinallyTest
2  {
3      public static void main(String args[])
4      {
5          int[] x={9,1,1,2,0};
6
7          try//===================================
8          {
9              for(int i=0;i<6;i++)
10                 System.out.println(i+"---"+x[i]);
11             return;
12         }
13         catch(ArrayIndexOutOfBoundsException e)
14         {
15             System.out.println("数组下标越界");
16         }
17
18         finally
19         {
20             System.out.println("测试完毕");
21         }
22         //===================================
23     }
24 }
```

```
C:\Program Files\Xinox So
0---9
1---1
2---1
3---2
4---0
数组下标越界
测试完毕
Press any key to continue...
```

图 6.10　finally 示例

程序分析：

（1）在图 6.10 所示的程序中，异常的名字非常长，但也必须书写正确，此词才会由普通的黑色变成蓝色。

（2）如果将第 9 行的数字 6 改为 5，则不会引发异常，程序会执行到 return 语句，但编译运行后会发现，"测试完毕"一句话仍然被打印了出来，这证明了前面的理论，即在 return 之前，必须先执行 finally 程序块。

（3）如果将第 9 行的数字 6 改为 5，再在 return 语句前加入一个 System.exit（0）语句，则输出结果中不会再有"测试完毕"这句话。

注意：

（1）被 try 保护的语句声明必须在一个大括号之内（也就是说，它们必须在一个块中）。

（2）在 try…catch…finally 各程序块之间不允许有其他任何语句。

（3）一个 catch 语句不能捕获另一个 try 声明所引发的异常（除非是嵌套的 try 语句情况）。

（4）在 try…catch…finally 结构中，try 是必须的，三者的顺序不能颠倒。后两个是可选的，但至少要使用一个。不能单独使用 try，只有一个 try 结构将无法通过编译。

异常有很多种，没有人会完全掌握各种异常的类名。为了知道某个程序块内有可能发生什么异常，可以先制造这种异常，然后通过运行程序，观察异常提示，从中找到异常类名。也可以通过帮助查找到相关异常的类名。

6.2.4　异常类的层次结构

通过上面所举的示例，可以看到异常标识符都是大写，这是因为异常是一种类。Java 将各种异常写成了类。类是分层的，异常类的"祖先"是 Exception，其下层是经过扩展（细化）的异常类（见图 6.11）。

从技术上讲，Error 不是异常，因为它不是 Exception 类的子类。它是一种严重错误，是虚拟机无法控制和恢复的错误，Java 虚拟机不会处理错误。因为没有理由让 Java 虚拟机在电脑已着火的时候，还要为程序安全可靠运行而去捕获并处理这类错误。

Exception 的子类有大约 70 个，RuntimeException 是其中的一个。每个子类又分很多更细的子类。例如 RuntimeException 类的子类就有 ArithmeticException 等近 40 个。由此可见，异常是一棵非常庞大的"树"，要掌握它的所有类几乎不可能。

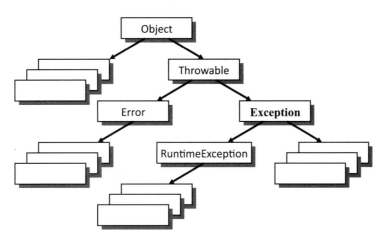

图 6.11　异常类层次结构图

但是，要得到某一种异常的相关情况还是很容易的，比如，这里可以通过人为制造异常来得到异常的名称。之外，可以通过 Java 帮助文档了解这个异常的有关内容。

具体操作：

（1）在 JCreator 中，按 Ctrl-F1 键，打开帮助文档（详见 5.3.4 节）。

（2）按 Ctrl-F 键（即 find），弹出查找内容对话框。在弹出的对话框中输入查找的异常类名（比如 RuntimeException），即会在整个文档中找到所要的项。

（3）由于帮助文档内容庞大，有可能找到的第一个匹配并不是想要查看的，这时可以按 Ctrl-F 键继续查找。

（4）找到后，双击要查看的条目，即可显示具体帮助内容（参见图 6.12）。

CatchAnywhere.java | **RuntimeException.html** |

Overview Package Class Use Tree Deprecated Index Help

PREV CLASS   NEXT CLASS   FRAMES   NO FRAMES   All Classes
SUMMARY: NESTED | FIELD | CONSTR | METHOD   DETAIL: FIELD | CONSTR | METHOD

java.lang
Class RuntimeException

java.lang.Object
  └ java.lang.Throwable
      └ java.lang.Exception
          └ **java.lang.RuntimeException**

All Implemented Interfaces:
  Serializable

Direct Known Subclasses:
  AnnotationTypeMismatchException, ArithmeticException, ArrayStoreException, BufferOverflowExce
  CannotUndoException, ClassCastException, CMMException, ConcurrentModificationException, DOMEx
  EnumConstantNotPresentException, EventException, IllegalArgumentException, IllegalMonitorStat
  IllegalStateException, ImagingOpException, IncompleteAnnotationException, IndexOutOfBoundsExc
  MalformedParameterizedTypeException, MissingResourceException, NegativeArraySizeException, No
  ProfileDataException, ProviderException, RasterFormatException, RejectedExecutionException, S
  TypeNotPresentException, UndeclaredThrowableException, UnmodifiableSetException, UnsupportedC

图 6.12　RuntimeException 类的帮助文档

由图 6.12 可以看出，帮助文档的内容很清晰，它将类的扩展过程清楚的显现出来（见图的左侧中部）。使用者可以单击某个父类，向上查找相关情况。

通过图 6.11 和图 6.12，读者对异常类有了一个基本的认识：

（1）在 Java 中，程序运行可能会遇到各种异常情况，Java 将各种异常进行了分类，根据不同异常的特点，分别设计了不同的类。

（2）读者今后在编程过程中，可以通过 try…catch 结构，捕获某种异常。

（3）如果捕获的异常和 catch 参数中的异常类型是一致的，则可以运行 catch 结构中的语句，否则不运行。这就是为什么一个 try 结构的后面有多个 catch 结构的原因。

（4）在 catch 程序块内，可以引用参数实例进行更进一步的处理。

6.2.5　异常实例参数的用法

异常参数是一种异常实例，和方法参数的用法是一致的。

例 6.10 编写一个异常参数使用示例程序（见图 6.13）。

```
UsingExceptionParameter.java
1  class UsingExceptionParameter
2  {
3      public static void main(String args[])
4      {
5          try
6          {
7              System.out.println(10/0);
8          }
9          catch(ArithmeticException e)
10         {
11             System.out.println("\n以下是异常报告: ");
12             e.printStackTrace();
13             System.err.println(e.toString());
14             System.err.println(e.getMessage());
15             System.out.println("谢谢，再见\n");
16         }
17     }
18 }
```

图 6.13 异常参数使用示例程序

图 6.14 异常参数使用示例程序运行结果

由图 6.13 和图 6.14 对照可以看出：

（1）第 11 行和第 15 行分别使用了转义字符 "\n"，其结果是输出结果中多了两个空行。

（2）程序肯定执行了 catch 块中的语句，否则不会在结果图中显示出汉字。

（3）程序中使用了三个 e 实例方法，第 12 行中的方法打印出的信息最长、最全面，其输出结果占用了两行，其次是第 13 行，最简单的是第 14 行，仅指出发生了 "by zero" 这种最具体的异常。

6.2.6 异常扩散

程序中第 12 行语句输出的结果和读者在未用 try 结构时看到的结果基本一致（见图 6.8），但并不完全一样，要弄清其中的原因，需要了解 Java 异常的传播方式。

着火后，如果不灭火，火势会越来越大，最终烧毁一切。程序也是如此。

Java 程序中，如果出现了异常，但此处没有 try…catch 结构，或有此结构但未捕获到，异常将扩散（有些书上称之为传播）到语句所在的方法体，方法体再扩散到方法的调用者……最后扩展到程序的最初调用者 main 方法。main 方法再交给 java 虚拟机时，虚拟机会捕获异常，于是读者就会看到图 6.8 所示的提示。但看到这种信息后，一切为时已晚，

因为 main 程序也已因异常而终止了。如果火势漫延的过程中任何一处位置有一个 try…catch 结构正确捕获到异常，则不至于看到最后的"宣判"。

例 6.11　编写一个中途处理异常示例程序（见图 6.15）。

```
CatchAnywhere.java
 1  class CatchAnywhere
 2  {
 3      public static void main(String args[])
 4      {
 5          new B();
 6          System.out.println("程序可正常结束");
 7      }
 8  }
 9  //===============================================
10  class B
11  {
12      B()
13      {
14          try
15          {
16              new A();
17          }
18          catch(ArithmeticException e)
19          {
20              System.out.println("异常扩散示例:");
21              e.printStackTrace();
22          }
23          System.out.println("我不受影响");
24      }
25  }
26  //===============================================
27  class A
28  {
29      A()
30      {
31          System.out.println(10/0);
32      }
33  }
```

图 6.15　中途处理异常程序

由图 6.15 可以看出，main 方法（第 5 行）程序调用了类 B 的实例，类 B 的构造方法中（第 16 行）又调用了类 A 的实例，异常发生在类 A 中（第 30 行）。

由于在类 A 中没有任何异常处理程序，因此，异常由第 31 行扩散到调用它的第 16 行。由于此处有异常捕获和处理程序，因此，异常到此为止，不再继续影响以后程序的继续运行，程序也可以正常结束，这可以从图 6.16 所示结果的后两行汉字的输出得到证明，这两行汉字是在异常发生后的语句输出结果。

```
C:\PROGRA~1\XINOXS~1\JCREAT~1\GE2001.exe
异常扩散示例:
java.lang.ArithmeticException: / by zero
        at A.<init>(CatchAnywhere.java:31)
        at B.<init>(CatchAnywhere.java:16)
        at CatchAnywhere.main(CatchAnywhere.java:5)
我不受影响
程序可正常结束
Press any key to continue...
```

图 6.16　中途处理异常程序结果

即使将图 6.15 中的 try…catch 结构写在类 A 中，e.printStackTrace（）命令也还会打印输出和图 6.16 完全一样的异常报告。由此可知，这个命令能够分析并报告出错误传导路线，通过这个路线图，读者可以在适当的位置设卡，不让异常影响进一步扩大。

try…catch 结构也可以嵌套。

6.2.7 创建用户异常

以上所列举的异常都是系统运行时自行产生的，有时为了程序的合理性，程序员也可以自己设计异常，并在必要时主动抛出异常。

主动抛出，即 Java 系统在运行时，虚拟机只能检测到 Java 已知的异常。它并不知道，也检测不出用户自定义的异常。需要通过程序语句"throw"主动将异常抛出。

例 6.12 编写一个自定义异常类及其应用示例程序（见图 6.17）。

```
CreateException.java
1  class AgeException extends Exception      //①编写自定义
2  {                                          //的异常类
3      public void print()                    //继承异常类
4      {
5          System.err.println("年龄不在可能范围内");
6      }
7  }
8  //********************************************************
9  class GetAge                               //②编写应用类
10 {
11     GetAge(int age)
12     {
13         try
14         {
15             if(age<0 || age>150)
16                 throw new AgeException();   //抛出异常
17         }
18         catch(AgeException e)
19         {
20             e.print();
21         }
22     }
23 }
24 //********************************************************
25 class CreateException                       //③使用应用类
26 {
27     public static void main(String arg[])
28     {
29         new GetAge(200);   //要得到一个200的年龄值
30     }
31 }
```

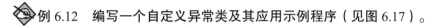

图 6.17 自定义异常类及其应用示例程序

程序说明：

第 16 行使用了 new 命令，它的作用是创建一个 AgeException 实例，这句程序相当于：AgeException a=new AgeException; throw a。但由于实例 a 在本程序中只使用一次，因此采用了省略写法。

图 6.16 所示的程序可分为三部分：

（1）编写自定义异常类 AgeException。它扩展了 Exception 类，新建了一个错误报告方法 print。

（2）编写应用类 GetAge。编写定义异常类的目的是使用它，因此，在第二部分中，编写了一个 GetAge 类。在这个类中，使用了 throw 命令，它是抛出异常的意思。图中的

15、16 行的意思是，如果遇到不合法的数据，就会抛出异常。但在本程序中，异常被当场捕获。

（3）编写主类 CreateException。通过这个类，程序可以调用 GetAge 类，形成一个完整的可运行的程序。

由于本书还没有介绍如何从键盘得到数据，因此，GetAge 中的年龄数暂时还无法实现，在运行时由用户输入。

6.2.8　throws 的用法

程序的某处如果出现异常，不管是系统发现的还是程序用 throw 命令主动抛出的，都将面临两种选择：

（1）立即处理。图 6.16 所示的程序即采用了这种方式。

（2）让调用者处理。这种情况又分以下两种情况，不同情况需要不同处理方法：

①系统检测到的异常。对于这类异常，可以不当场处理，但需要在其扩散路径的某一处捕获。

②用户抛出的异常。对于这类异常，可以不当场处理，但需要在本方法体声明中标明，才可以在其扩散路径的某一处捕获。

例 6.13　编写一个不当场处理主动抛出自定义异常的示例程序（见图 6.18）。

```
CreateException2.java
1   class AgeException extends Exception      //①编写自定义
2   {                                         //的异常类
3       public void print()                   //继承异常类
4       {
5           System.err.println("年龄不在可能范围内");
6       }
7   }
8   //***********************************************
9   class GetAge                              //②编写应用类
10  {
11      GetAge(int age) throws AgeException   //向上抛出异常
12      {
13          if(age<0 || age>150)
14              throw new AgeException();     //抛出异常
15      }
16  }
17  //***********************************************
18  class CreateException                     //③使用应用类
19  {
20      public static void main(String arg[])
21      {
22          try
23          {
24              new GetAge(200);   //要得到一个200的年龄值
25          }
26          catch(AgeException e)
27          {
28              e.print();
29          }
30      }
31  }
```

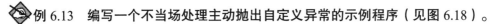

`C:\Program Files`
年龄超出可能
`Press any key to con`

图 6.18　throws 用法示例

程序分析：

这个程序最好和图 6.15 对照阅读，通过比较发现，throw 抛出的异常通过 throws 一词将其转抛给了调用者。以后具体在什么位置捕获和处理，就和系统异常的捕获规则一致了。

Java 规定：使用 throw 命令主动抛出的异常，如果不在方法内处理，就必须在方法声明中使用 throws 关键词，将其抛给调用者。

6.3　断　言

断言主要用于程序的调试。

6.3.1　什么是调试

调试，就是当程序编码基本完成后，为了找出程序潜在的错误，进行的各种程序正确性的验证工作。

为了保证程序能够正常运行，上一节使用了异常检测机制。但这类代码一般在编写程序时就应想到并使用。不属于调试范畴。

调试可以分为两种，一种是语法上的错误，另一种是语义上的错误。语法上的错误在编译时会报错，或运行时出现异常，但语义上的错误，Java 无法通过编译发现。比如"＝＝"号误写为"＝"号、10000 写成了 100000、某个值不满足任何一种多重判断等，都有可能导致程序最后得出不可预料的结果。

Java 从 1.4 版开始增加了断言功能（assert）。它为发现程序中的语义错误提供了强有力的支持。

许多开发软件都支持断言，断言并不是什么新概念。实际上，在软件设计（甚至硬件设计）中，断言已经得到了广泛的应用，它可以帮助软件工程师在软件开发及测试过程中更早更快地发现、定位出软件中可能存在的错误。

6.3.2　什么是断言

断言就是假定某个变量为某个值，如果这个变量不是这个值，程序就会产生一个 AssertionError 异常，并导致程序运行异常中止。AssertionError 异常是 Error 类的子类，由此可见，断言实际上是为了防止程序对数据或功能的错误处理，防止"想做顿饺子，端上桌的却是混沌"或者说"每条语句都没有语法错误，但结果却有可能莫名其妙"一类的错误。

◆ 例 6.14　编写一个断言示例程序（见图 6.19）。

```
AssertTest.java
 1  class AssertTest
 2  {
 3      public static void main(String[] args)
 4      {
 5          boolean x = true;
 6
 7          assert x==true : "断言失败";
 8
 9          System.out.println("程序运行正常");
10      }
11  }
```

图 6.19　断言示例程序

注意：图中第 7 行中的用于比较的"＝＝"号，不能写成赋值的"＝"号。

编译运行此程序，会得到图 6.20 所示的结果。这证明断言在条件成立时不会引发断言异常。

如果将第 5 行的 true 改为 false，再编译运行程序，本应看到图 6.19 下图所示的结果，但不幸的是，读者看到的仍旧是图 6.20 所示的结果。显然，这不合常理。下一节将解释这一现象。

```
C:\Program Files\Xinox Software\JCreatorV3\GE2001.exe
Exception in thread "main" java.lang.AssertionError: 断言失败
        at AssertTest.main(AssertTest.java:7)
Press any key to continue...
```

```
C:\Program Files\Xinox Software\JCreatorV3\GE2001.exe
程序运行正常
Press any key to continue..._
```

图 6.20　断言示例程序运行结果

6.3.3　断言对软件环境要求

由于断言是 Java1.4 版新增的功能，因此，考虑应用的滞后性，Java1.4 版的编译程序和 JVM 都默认不启用断言。这就意味着如果不特殊设置，图 6.18 所示程序的第 7 行语句结构就是一种非法语句，无法通过编译。

本书第一章即讲述了 Java5.0 的安装方法，到目前为止，本书都默认使用的是 Java5.0。Java5.0 和 Java1.4 不同，它默认编译时启用断言。因此，无须做任何调整，断言结构即可通过编译。

但即使是 Java5.0，在运行含有断言结构的程序时，也默认不启用断言功能。这意味着即使一个含有断言结构的程序通过了编译，运行时也会被忽略。这就是上一节例题不正常的原因。

总结：要启用断言，对于 Java1.4，需要调整编译和运行两项设置。对于 Java5.0，则仅需调整运行设置。

6.3.4　设置断言编译环境

如果是 Java5.0，则无需做任何设置工作。

如果是 Java1.4，并且是通过命令编译一个相含有断言结构的程序，则需要在 DOS 方式下，使用类似如下命令语句：

Javac　-source　1.4　AssertTest.Java

通过这一 DOS 命令示例可以看出，要在 Java1.4 中正常编译一个含断言结构的程序，需要在命令行中增加一个命令行参数"-source"。

本书总是借助 JCreator 为读者编译程序，如果机器上的 Java 安装的是 1.4 版，并且要编译包含断言结构的程序，则需要对 JCreator 进行如下设置：

（1）单击 JCreator 菜单中的 ConfigureàOptions，屏幕弹出图 6.21 所示的对话框。

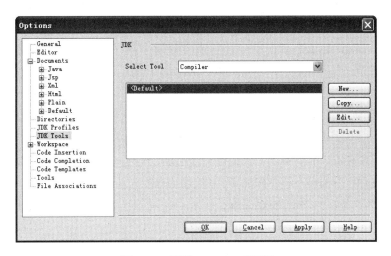

图 6.21　配置 JCreator 对话框

（2）在对话框中顺序做出三个选择：JDK ToolsàCompileràdefault，再单击"Edit"按钮，屏幕会弹出图 6.22 所示的对话框。

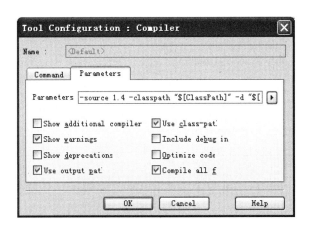

图 6.22　配置 JCreator 编译—参数选项对话框

（3）在图 6.22 所示的对话框中单击 Parameters 属性页，然后在 Parameters 一栏内的开始位置，添加"-source　1.4"选项（注意：其中第一个字符是横杠，不是下划线；另外，这个选项和下一选项之间要有空格做间隔）。

（4）单击"OK"按钮，设置完毕。

这一设置过程和第 5 章的 main 参数设置过程有些类似。

6.3.5　设置断言运行环境

不论是 Java1.4 还是 Java5.0，要启用程序中的断言结构，需要在正确编译的基础上，在 DOS 方式下，使用类似如下命令语句：

Java -ea AssertTest

由此可见，要在 Java 中运行一个含有断言并使之起作用的程序，需要在命令行中增加一个命令行参数 "-ea"。这个参数也可写成 -enableassertions。如果要禁止断言，可将命令行参数改为 "da" 或者 "-disableassertions"。

要使用借助 JCreator 运行一个含有断言并启用断言的程序，需要对 JCreator 进行如下设置：

（1）单击 JCreator 菜单中的 Configure→Options，屏幕弹出图 6.21 所示的对话框。

（2）在对话框中顺序做出三个选择：JDK Tools→Run Application→default，再单击 "Edit" 按钮，屏幕会弹出图 6.23 所示的对话框。

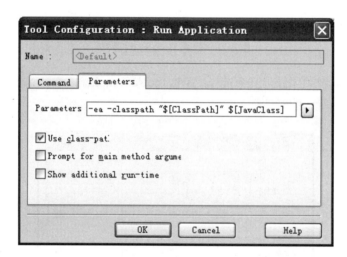

图 6.23　配置 JCreator 编译—参数选项对话框

（3）在图 6.22 所示的对话框中单击 Parameters 属性页，然后在 Parameters 一栏内的开始位置，添加 "-ea" 选项（注意：选项之间要有空格做间隔）。

（4）单击 "OK" 按钮，设置完毕。

上面所用的 "-ea" "-da" 参数适用于普通类中，如果要调试 java 的系统类，并启用断言或禁用断言，应使用 "-esa" "-dsa" 或 -enablesystemassertions 和 -disenablesystemassertions，但这种情况只适用于 Java 系统的研制。

更复杂的应用是，整个程序启用断言，但其中某个类禁用断言，其参数设置为 -ea -da:目录名/类名。反之，则可以将参数设为 -da -ea:目录名/类名。如果没有使用包，则 "/" 需要换成 "."；如果没有新建目录或包，直接使用类名即可。

理论上，如果一个程序在编译时禁用断言，则程序中就可以用 assert 做变量名或其他标识符。但更合理的建议是：如果使用 Java1.4 及以后的版本编写程序，不是万不得已，不要用 assert 做变量名或其他标识符。

对于用 Java1.4 以前的版本编写的 Java 程序，如果其中有 assert 一词，它肯定只是一个变量名或语句标号，而不是断言的意思。但对这样的程序要特别小心，要么使用以前的 java 版本编译它，要么在用 Java5.0 及其后继版本编译时，使用命令行参数使断言无效，要么修改旧程序，用其他词替代 assert。

6.3.6 断言程序分析

断言编译和运行环境设置完毕，再运行图 6.18 所示的程序，即可看到图 6.20 所示的正确结果。通过这个示例程序，这里可以出得出如下结论：

（1）断言的一般命令格式

断言的一般命令格式为：

assert expression1: expression2。

其中：

expression1 必须是一个结果为 true 或 false 值的表达式，一般为两值相比较的语句。

expression2 一般为一个字符串，当断言异常发生时，这个字符串就被显示出来。既然是字符串，就必须用英文双引号引起来。注意：不要将 expression2 错误的写为 System. out.println（…）。

两个表达式之间用冒号间隔。

（2）断言的适用程序

像本例这样很简单的程序，没有必要使用断言。

断言一般用于复杂程序中，通常是在对某个变量的值不能 100% 确定为某个值时，所做的假定。之后，通过对程序的反复运行，进行各种各样数据及应用环境的测试，如果从来没有引起过断言异常，则表示程序可靠性很高，反之，则需要对某个值相关的程序进行更为可靠的设计和修改。

例如，在对一个数组中的值通过一组语句实现由小到大排序后，程序员可以断言该列表式是升序排列的。

显然，对于一个复杂的软件，很多处会存在程序员在程序功能上的误解导致的程序语义错误，断言可以快速发现这种错误。所以，它是评估、确定代码的正确性、提高代码质量的最强有力的工具之一。

（3）断言的适用场合

断言只适用于程序调试阶段发现错误，在软件发行前，应当尽可能发现并排除错误并删除这些调试代码。

（4）断言的禁忌

断言只是一种测试工具，不能在断言中修改程序中的值。例如，千万不能将图 6.18 中第 7 行的比较运算符"＝＝"误写为赋值运算符"＝"，否则，这类错误如果发生在一

个很复杂的程序中时，不仅无法发现异常，而且有可能给以后的程序带来不可预料的错误。

6.3.7　断言的真正意义

事实上，断言也可以用 if…else 结构代替，这样就将"万一"问题留给用户处理。这是一种不负责任的作法。其负面影响为：

（1）从理论上说，程序留有潜在的应被发现的语义错误；

（2）代码长度增加，程序运行效率会打折扣。

6.3.8　防止断言的滥用

对于断言，很多人容易走极端，一种是认为断言没有什么实际意义，根本不用。另外一种是滥用断言，要么使用 catch 语句捕获并恢复（可以使用 try…catch 结构），要么不该用的地方也使用。

要合理使用断言，可遵循以下建议：

（1）只在私有方法内使用断言，而不在其他方法内使用断言。

因为私有方法内的处理是可预知的，是可以断言的，而其他方法，尤其是公有方法内，使用断言是一种程序不完善的标志，是没有意义的。

（2）不要使用断言验证命令行参数。

（3）assert 语句应该短小、易懂。

6.4　垃圾回收

6.4.1　什么是垃圾

Java 运行时，会开辟出一块内存空间用于存放各种实例数据。这块区域被称为"堆（heap）"，在程序运行的某个时刻，某些程序已不再使用的实例显然属于废弃物——"垃圾（garbage）"。所以，垃圾是内存中无用的实例数据，而不是硬盘中的废弃文件。

因为垃圾是内存中的废弃物，所以，自然人不能像硬盘中的文件那样很直观的看到，也不能像硬盘中的文件那样通过手工操作清除掉。

6.4.2　垃圾应及时清理

硬盘越大，存储的程序和数据越多。程序运行时，需要将程序调入内存，运行程序所需的硬盘中的数据也必须调到内存中、程序新建的数据也需要保存在内存中。因此，内存越大，可启动的程序就越多。在 Windows 中，很多人喜欢同时运行多个程序，打开多个窗口，这么做的前提是有较大的内存硬件支持。

但相对于硬盘而言，内存容量小的可怜，因此说内存是宝贵的。随意浪费内存会严重影响机器的运行效率，甚至有可能因垃圾充满内存导致系统崩溃。

Java 堆内的垃圾太多，这个数据堆就会变成垃圾堆。因此，垃圾应及时清理。

一般将垃圾清理称为垃圾回收，或垃圾收集（garbage collect），即将垃圾实例设为 null，这样，垃圾占用的内存空间就会释放，重新被"回收"到可用内存空间的行列。因此，垃圾回收实际上是一种动态内存管理技术。

垃圾回收并不是新概念、新技术，早在 50 多年前就开始使用了。

一个静态属性或方法一旦使用，就会常驻内存，它实际上是一种无须实例化的永久实例。在运行期间，Java 无法回收，直到整个程序结束时，一切都要结束了，它才会随之被清理掉。另外，程序中如果有太多的类正在使用，也不能将其清除。因此，不能认为自动垃圾收集可以保证程序总是有足够的内存可用，但这正说明垃圾清理非常有必要，而且应及时清理。

6.4.3　如何清理垃圾

Java 采用了自动垃圾回收机制，即程序运行时，JVM 会自动检查并清除垃圾。但这种自动机制的缺点是它的不确定性：程序员无法知道它何时执行。一般认为在 CPU 空闲时或内存过于紧张时，JVM 会启动垃圾回收功能。

因此，一般情况下，无需考虑通过程序亲自回收垃圾。通过 JVM 自动回收垃圾，省时省力，大势所趋，何乐而不为。

但为了更好的保证系统更有效的运行，减少垃圾排放和堆积，应在编程过程中，认真对待垃圾问题，必要时主动清理垃圾。

比如在编写较大的游戏程序或其他功能很复杂的程序时，必须考虑到，每个字节都很珍贵，会极大影响程序的执行效率。"最好的垃圾收集专家出于游戏制造工厂"这句话很说明问题。

具体的主动清理方法有：

（1）创造回收条件方法①：将不再使用的实例设为 null

将一个实例设为空，等于这个实例已名存实亡。

（2）创造回收条件方法②：一个实例变量引用另一个实例变量

如果一个程序中有两个实例名，将两个实例名指向同一实例，即等于共用一块内存，实际上等于"消灭"了一个实体。

（3）主动请求垃圾回收功能

Java 中有一个名为 Runtime 类，这个类内有一个 gc 方法能够请求 JVM 清理内存。注意：这里说的是请求，而不是立即启动执行。因为请求时，JVM 也许正在清理过程中，也许被判为"虽然你请求，但请求的不是时候"而不执行。

例 6.15　编写一个使用上述三种方法回收垃圾的程序（见图 6.24）。

```java
class GarbageCollect
{
    public static void main(String args[])
    {
        Runtime rt=Runtime.getRuntime();
        System.out.println("JVM可用内存数    "+rt.freeMemory() );

        A[] a=new A[10000];
        for(int i=0;i<10000;i++)
            a[i]=new A();
        System.out.println("初始化数组后    "+rt.freeMemory() );

        for(int i=0;i<10000;i++) a[i]=null; //数组设为空
        rt.gc();                            //请求系统进行垃圾回收
        System.out.println("设置为null后    "+rt.freeMemory() );

        for(int i=0;i<10000;i++)   a[i]=a[0];//所有元素引用同一元素
        rt.gc();
        System.out.println("引用同一实例后   "+rt.freeMemory() );
    }
}
//=============================================================
class A
{
    int rate=200;
}
```

图 6.24　三种垃圾回收方法使用程序

图 6.23 中第 5 行的语句用法比较特殊，其中 Runtime 是一个静态类，getRuntime（）是 Runtime 类的一个静态方法，因而能够直接使用。它返回一个能够反映当前程序运行状态的一组值。

可以看出，本程序使用了两种方式主动让数组放弃内存占用，并通过 gc 方法主动清理刚刚被抛弃的垃圾。

通过图 6.25 显示的运行结果可以看出：将一组实例设为 null 和将一组实例共同引用某一个实例，其节省内存的大小数是基本一致的。

图 6.25　两种垃圾回收方法示例

6.4.4　关于 finalize 方法

finalize 方法是 Object 类中的一个方法，而任何类都是 Object 的子类，因此，实际上，所有类都有一个 finalize 方法。

Java 如何判断一个实例是否为垃圾呢，关键就在于垃圾收集器总是会调用一个实例的 finalize 方法，一旦通过此方法得出了程序中没有任何地方正在使用此实例时，就会将此例当做垃圾处理。下面是 Java 帮助文档对 finalize 的解释：

Called by the garbage collector on an object when garbage collection determines that there are no more references to the object. A subclass overrides the finalize method to dispose of system resources or to perform other cleanup。

这段文字的意思是：finalize 方法是供垃圾收集器调用的一种方法，目的在于得到是否还有其他实例在引用此实例（如果确实没有了存在的必要性，则立即"火化"）。在某个类（即 Object 的子类）中重写这一方法的目的是（在临消亡前）释放系统资源或其他收尾工作。

例如，一个实例如果打开了一个文件，则应在实例消亡前，关闭这一文件，将关闭语句写入 finalize 方法内，就可以保证文件被正常关闭。但不能过分依赖 finalize 方法，因为无法确定这一方法何时被垃圾收集器或其他实例调用。

一般情况下，没有必要重写这一方法。

finalize 方法的特点是能够在任何实例被删除前运行，而且只运行一次。

因此，如果调用一个实例的未被重写的 finalize 方法，等于告诉 JVM 这个实例已经是一个 100% 的垃圾了，但基本没有人这样做。

到此为止，本书已经介绍了三个非常相近的词 final、finally、finalize。但这三个词在功能上没有任何联系，因此，一定要注意区分这三个词。

6.4.5　垃圾回收的负面影响

自动垃圾收集是一件复杂的工作，其程序本身收集过程都或多或少的影响程序的执行速度。

6.5　其　他

6.5.1　对象运算符 instanceof

对象运算符 instanceof 左侧是实例名，右侧是类或接口名。它的作用是判断一个对象是否是某一个类（或者其父类）的实例。这个类也可以是接口。如果是，返回 ture；否则返回 flase。

例 6.16 编写一个 instanceof 示例程序（见图 6.25）。

```
InstanceofTest.java
 1  class InstanceofTest
 2  {
 3      public static void main(String args[])
 4      {
 5          C c=new C();
 6          System.out.println(c instanceof C);
 7          System.out.println(c instanceof B);
 8          System.out.println(c instanceof A);
 9      }
10  }
11  //=====================================
12  interface A
13  {
14  }
15  //=====================================
16  class B implements A      //B实现了接口A
17  {
18      int x;
19  }
20  //=====================================
21  class C extends B         //C扩展了B
22  {                         //C即是B的子类
23      int y;                //C也是A的子类
24  }
```

```
C:\Program Fi
true
true
true
Press any key to
```

图 6.26 instanceof 用法示例

通过图 6.26 可以知道 instanceof 的作用：实例 c 如果是类 C 的实例，则肯定拥有运行类 C 的所有属性和方法，当然这个实例会拥有其父类 A 或 B 的所有属性和方法。

任何实例如果未用 new 方法创建（初始化），则为 null，null 不是任何类的实例，因为这时的类名只是一个名字。

instanceof 一般用于判断语句或选择语句。根据某个实例属于不同的类执行不同的语句，例如有三个账单处理类：进货、出货、库存。接到一个账单实例后，可通过 instanceof 来决定谁来接单，是给采购部门、销售部门还是库管部门。

6.5.2 类之间的关系

类与类之间最常见的关系有以下两种：

（1）"领导—下属"关系（has-A）

如果一个类 A 中用到了另一个类 B，就形成了 A "领导" B 的关系。

（2）"父亲—儿子"关系（is-A）

如果类 B 扩展了类 A，则 B 是 A 的一种。

父类可以等于子类，但子类不可以等于父类。

例 6.17　编写一个父类可以等于子类的示例程序（见图 6.27）。

```
ISA_Test.java
 1  class ISA_Test
 2  {
 3      public static void main(String args[])
 4      {
 5          Father f=new Father();
 6          Son s=new Son();
 7          f=s;                //父亲可以降辈
 8          f.print();
 9      }
10  }
11  //=====================================
12  class Father
13  {   int x=10;
14      void print()
15      {   System.out.println(x);
16      }
17  }
18  //=====================================
19  class Son extends Father
20  {   int x=200;
21  }
```

```
C:\Program F
10
Press any key to
```

图 6.27　父类可以等于子类的示例

如果将图 6.26 的第 7 行写为 s=f，编译时，就会出现错误提示："类型不兼容"。

既然 f=s，按一般思维，执行此句后，f 就应该不再是父类的实例，而是子类的实例，然而 f.print（ ）语句输出的结果却是 10 而不是 200，还是父类属性的值。其中的原因可以通过图 6.28 解释。

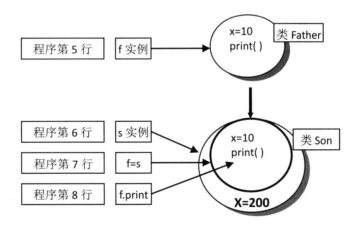

图 6.28　父类等于子类意义解释示意图

通过图 6.28 可以看出，所谓的父类实例等于子类实例，实际上是让父类实例指向子类实例内部的父类部分。

6.5.3　Java 语言的健壮性

健壮，又称为鲁棒（robust），即程序的可靠性高。"世界上没有绝对的安全"，但相对其他开发语言而言，用 Java 开发出的程序是健壮的，这是因为：

（1）在程序稳定运行方面，Java 的安全性很高。Java 编译器可以说是最严格的一种"编译器"。在对源程序进行伪编译时，进行了很多严格的、合理的检查。通过这一关，可以大大降低语言中潜在的错误。程序运行时，Java 依然时刻在监视着程序，一旦发生异常，立即启动异常机制，防止系统崩溃。

（2）在程序"放心使用"方面，Java 的安全性很高。java 虚拟机采用的是"沙箱"运行模式，即把 java 程序的代码和数据都限制在一定内存空间里执行，不允许程序访问该内存空间外的内存，取消指针，防止程序非法指向不应调用的数据或指令，不允许访问客户端机器的文件系统，此外还有许多相关措施。这些措施的目的只有一个，即让用户放心下载、放心使用，不必担心程序中有木马、病毒等危及用户数据及系统安全的代码存在。

（3）其他安全因素：由于 SUN 公司开放了 Java 解释器的细节，这有助于通过各界力量，共同发现、防范、制止安全隐患。

第 7 章　Java 中的特殊类

7.1　包装类

7.1.1　什么是包装类

Java 有八种基本数据类型（又叫原始类型、原子类型），这八种类型的数据是可以直接使用的数据，无须建立实例。为了实现各种数据间的相互转换功能，Java 提供了八种相应的类。这些类被称为包装类（Wrapper Class）也有人称之为封装器类。

包装类都是一些构造类，而且每个类的构造方法都对参数有要求，具体的类名见表 7.1。

表 7.1　包装类表

原始类型	包装类	类构造函数的参数类型
boolean	Boolean	String 或 boolean
byte	Byte	String 或 byte
short	Short	String 或 short
char	Character	char
int	Integer	String 或 int
long	Long	String 或 long
float	Float	String 或 float 或 double
double	Double	String 或 double

7.1.2 如何建立包装类

例 7.1 编写一个包装类建立和使用示例程序（见图 7.1）。

```
WrapperClassTest.java
 1  class WrapperClassTest
 2  {
 3      public static void main(String args[])
 4      {
 5          Integer X1=new Integer(1234);          //建立一个整型包装实例
 6
 7          Double  X2=Double.valueOf("5555");     //建立一个双精度包装实例
 8
 9          Integer X3=Integer.valueOf("3AB",16);  //将16进制数转为实例
10
11
12          int     x1=X1.intValue();  //数值转换
13          long    x2=X2.longValue();
14          float   x3=X3.floatValue();
15
16          System.out.println(x1+"   "+x2+"   "+x3);
17      }
18  }
```

```
C:\Program Files\Xi
1234  5555  939.0
Press any key to conti
```

图 7.1 包装类建立和使用示例

由图 7.1 可见，建立包装类的方法有两种：

（1）用 new 方法（见程序第 5 行）；

（2）用 valueOf 方法（见程序第 7、9 行）。

第 2 种方法的用法更灵活，它可以指定数值是哪种进制的数，但这种用法仅限于整数型包装实例，如 Byte、short、Integer、Long 型实例。

由图还可以看出，建立实例时，参数既可以是某种包装类对应的数值（见程序第 5 行），也可以是字符串（见程序第 7、9 行）

注意：包装类实例一旦建立，其代表的值无法修改。

7.1.3 包装类实例的作用

建立包装类实例的主要目的是实现数值间的类型转换。

由图 7.1 的第 12 ～ 14 行语句可知，通过"实例名 .xxxValue 方法"，可以得到某种值。除了 Boolean 和 Char 类之外，其他六种包装类都有 byteValue、shortValue、intValue、longValue、floatValue、doubleValue 方法。利用这些方法，可以实现数值间的转换。

显然，这种数值间的转换方法不如"float x=123.45；int y=（int）x;"简便、直接。包装类现在看来，有些像古代的战车。

但要实现字符串和八种数据类型互换，就需要使用包装类。

（1）八种包装类都可以通过 toString（ ）方法，将某种数值转为字符串。

其中：Integer 和 Long 类还可以通过 toBinaryString、toOctalString、toHexString 方法，将数据转为二进制字符串、八进制字符串和十六进制字符串。

（2）字符串可以通过 parseXXX 方法，将字符串转为某种数值。

例 7.2　编写一个字符串和数值互换示例程序（见图 7.2）。

```
ConversionTest.java
  1  class ConversionTest
  2  {
  3      public static void main(String args[])
  4      {
  5          String s1=Integer.toString(123);
  6          String s2=Double. toString(1234.567);
  7          String s3=Integer.toBinaryString(64);
  8
  9          System.out.println(s1+"\n"+s2+"\n"+s3);
 10
 11          int  x=Integer.parseInt(s1);
 12          long y=Long.parseLong("101010",2);
 13
 14          System.out.println(x+"\n"+y);
 15      }
 16  }
```

```
C:\Program F
123
1234.567
1000000
123
42
Press any key to
```

图 7.2　包装类建立和使用示例

注意：这一部分程序所用的方法很多，很容易混淆，因此，要反复记忆。直到能够清晰的分辨 valueOf（　）、xxxValue（　）、toString、parseXXX（　）之间的区别。

7.1.4　布尔类

布尔类没有 xxxValue（　）和 parseXXX（　）方法。

Boolean b=Boolean.valueOf（"TRUE"）；是正确的，其参数不分大小写。

布尔类实例是一种实例，不是逻辑值。例如：在 Boolean b=new Boolean（true）；if（b）……这两句程序中，第二句是错误的，因为 b 在这里是个实例，而不是逻辑值。将 if（b）改为 if（b.booleanValue（　））才合乎语法。

7.1.5　字符类

Character 类是包装类之一，只能用于存储和操作单一的字符数值。

八个包装类中，只有 Character 类没有 valueOf 方法。因此，只能用 new 创建 Character 实例。

八个包装类中，Character 类和 Boolean 类没有 parseXXX 方法。

Character 类有一些较为特殊但较为常用的方法。

例 7.3　编写一个字符类常用方法示例程序（见图 7.3）。

```
CharacterExample.java
1  class CharacterExample
2  {
3      public static void main(String args[])
4      {
5          Character a = new Character('b'); //参数必须为一个char类型数据
6
7          char c1=a.charValue();              //获得实例的字符值
8
9          String s=a.toString();              //字符实例转为字符串
10
11         int x=Character.getNumericValue('a');//可用于0,1,2...9,a,b..z
12
13         char c2=Character.toUpperCase(c1);    //转为大写字符
14
15
16         System.out.println(c1+"\n"+s+"\n"+x+"\n"+c2);
17     }
18 }
```

```
C:\Progra
b
b
10
B
Press  an
```

图 7.3　字符类常用方法示例

图 7.3 给出了 4 种字符类常用的方法 charValue、toString、toUpperCase（toLowerCase）、getNumericValue。

getNumericValue 方法的参数值要求为字符 '0'-'9''a'-'z'（不分大小写）之间的某个字符，其返回值为 0 ～ 35，其他字符返回值为 -1。例如，参数为 '1' 返回值为 1、参数为 '2' 返回值为 2，参数为 'a' 或 'A' 返回值为 10、参数为 'b' 或 'B' 返回值为 11。

7.2　字符串类

字符串是计算机数据处理的重要组成部分，为此，Java 没有将字符串列入基本数据类型，而是建立了字符串类，将字符串的相关处理方法集成到了字符串类中。

String 和八种包装类一样，都被声明为 final 的类，因此不可能被继承，也就没有子类。

7.2.1　字符串大小写转换

将字符串中的所有字符转换为大写的方法为 toUpperCase（），将字符串中的所有字符转换为小写的方法为 toLowerCase（）。

例 7.4　编写一个字符串大小写转换示例程序（见图 7.4）。

```
StringConversion.java
1  class StringConversion
2  {
3      public static void main(String args[])
4      {
5          String source="abCD";
6
7          String upper=source.toUpperCase();
8          String lower=source.toLowerCase();
9
10         System.out.println(upper+"\n"+lower);
11     }
12 }
```

```
C:\Progra
ABCD
abcd
Press  any
```

图 7.4　字符串大小写转换示例

7.2.2　字符串比较

字符串是一种类，因此，两个字符串比较的方法比较特殊。

例 7.5　编写一个字符串比较试验程序（见图 7.5）。

```
StringCompare1.java
 1  class StringCompare1
 2  {
 3      public static void main(String args[])
 4      {
 5          System.out.println("abcd"=="abcd");//两个字符串比较
 6
 7          String s1="abcd";              //三个 字符串变量 比较
 8          String s2="abcd";
 9          String s3=s2;
10          System.out.println(s2==s1);
11          System.out.println(s3==s2);
12
13          String s4=new String("abcd");  //三个 字符串类 比较
14          String s5=new String("abcd");
15          String s6=s5;
16          System.out.println(s5==s4);
17          System.out.println(s6==s5);
18      }
19  }
```

```
cx C:\Progra
true
true
true
false
true
Press any k
```

图 7.5　字符串比较试验示例

由图 7.5 可知：

（1）第 11 行中，两个字符串变量间使用了"＝＝"号，其作用为判断两个字符串是否相等；

（2）第 13、14 行建立了两个实例；第 16 行中，两个实例间使用了"＝＝"号，其作用为判断两个实例名是否指向同一实例，显然两个实例不是同一个实例，因此，打印结果为 false。

因此，在考试时，一定要注意"＝＝"号两侧是字符串还是字符串实例。

要比较两个字符串实例中的字符是否相等，可使用以下三种方法中其中的一种：equals、equalsIgnoreCase 和 compareTo。

例 7.6　编写一个字符串比较示例程序（见图 7.6）。

```
StringCompare2.java
 1 class StringCompare2
 2 {
 3     public static void main(String args[])
 4     {
 5         String input="ABCd";
 6         String input2="ABCD";
 7         String password="ABCD";
 8         //=======================================
 9         boolean b=input.equals(password);
10         if (b)     System.out.println("口令对");
11         else       System.out.println("口令错");
12
13         if (input2.equalsIgnoreCase("ABCD"))
14                    System.out.println("口令对");
15         else       System.out.println("口令错");
16
17         int x=input.compareTo(password);
18                    System.out.println("x="+x);
19         if (x==0) System.out.println("口令对");
20         else       System.out.println("口令错");
21     }  //=======================================
22 }
```

```
C:\Progra
口令错
口令对
x=32
口令错
Press any key
```

图 7.6　字符类常用方法示例

由图 7.6 可知：

（1）上述三种方法用于比较两个字符串或字符串实例中的字符是否完全相同。

（2）要想忽略字符的大小写，可以先将实例中的字符都转为大写或小写再比较，也可以使用 equalsIgnoreCase 方法直接比较。

（3）compare 方法比较的结果不是逻辑值 true/false，而是一个整数。程序员都知道字符 a 在字符集中的编号是 97，而字符 A 在字符集中的编号是 65。所以，如果两个字符串完全相同，则为 0，如果"ABC"与"Abc"比较或与"ABCD"比较，则为负，反之，则为正。

注意："＝＝"和 equals 之间的区别是考试重点。

7.2.3　字符合并成串

字符合并成串，即使用 new 方法，将字符数组中的全部或部分元素，复制为一个字符串。

例 7.7　编写一个字符数组合并成串的程序（见图 7.7）。

```
CharToString.java
 1 class CharToString
 2 {
 3     public static void main(String arg[])
 4     {
 5         char c[]={'a','b','c','d','e','f','g','h'};
 6
 7         String s1=new String(c);        //所有字符连成一串
 8         String s2=new String(c,2,3);    //从第2个起，取3个
 9
10         System.out.println("s1="+s1);
11         System.out.println("s2="+s2);
12     }
13 }
```

```
C:\Progra
s1=abcdefgh
s2=cde
Press any key
```

图 7.7　字符合并成串示例

由图 7.7 可知，数组元素的下标从零开始。

7.2.4　两字符串合并成一新字符串

concat（连接）是 concatenate 的简写。可以使用这一方法，将两个字符串，合并为一个新字符串。

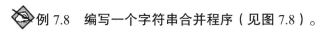 例 7.8　编写一个字符串合并程序（见图 7.8）。

```
class ConcatExample
{
    public static void main(String arg[])
    {
        String s1="abcd";
        String s2="1234";

        s1.concat(s2);           //只有操作，没有新串名，
        System.out.println(s1);  //因此为一种无效操作

        s1=s1.concat(s2);        //旧s1字符串成为内存中的垃圾
        System.out.println(s1);  //合并后的新s1需要新内存空间

        String s3=s1.concat(s2); //新增一字符串
        System.out.println(s3);
    }
}
```

```
C:\Program File
abcd
abcd1234
abcd12341234
```

图 7.8　字符串合并示例

程序分析：

（1）第 8 行只有字符串合并操作，没有新字符串"接收"操作结果。于是，这句程序只能产生一个"无名垃圾"字符串。

（2）第 11 行尽管从表面上看是 s1 串变长了，但实际上并非如此。Java 并不是改造 s1，在其后面追加上 s2，而是新辟一个名为 s1 的区域，用于存放两串连接结果，旧的 s1 串于是就成了垃圾。

（3）通过上述分析可知，本程序尽管很短，但产生了两处垃圾。

7.2.5　字符串分解为单字

字符串分解为单字，即使用 getChars 方法，将字符串中的全部或部分字符，复制到一个字符数组中的若干元素中。

例 7.9 编写一个字符串分解为单字的程序（见图 7.9）。

```
StringToChar.java
 1 class StringToChar
 2 {
 3     public static void main(String arg[])
 4     {
 5         String s="ABCDEFGH";
 6         char[] c=new char[8];
 7
 8         //将s1中的2～6字符复制到c的第3～6元素
 9
10         s.getChars(2,6,c,3);
11
12         for(int i=0;i<8;i++)
13             System.out.print(c[i]);
14     }
15 }
```

```
C:\Program Files\Xinox Software\J(
CDEF Press any key to continue...
```

图 7.9 字符串分解为单字示例

7.2.6 从一个字符串中得到一个字符

可以通过 charAt（）方法获得串中某个位置的一个字符（见图 7.10）。

7.2.7 由一个字符串生成另一个字符串

从字符串中提取子串，即使用 substring 方法，将一个大的字符串中的全部或部分连续字符，复制为另一个字符串。

注意：substring 一词中不能有任何大写字母。

例 7.10 编写一个在从字符串中得到单字或字符串的程序（见图 7.10）。

```
GetFromString.java
 1 class getFromString
 2 {
 3     public static void main(String arg[])
 4     {
 5         String s="12345abcdef";
 6
 7         char c=s.charAt(4);          //得到串S中第4个字符
 8         String s1=s.substring(4);    //得到第4个字符以后的串
 9         String s2=s.substring(4,7);  //得到第4～7位置的3个字符
10
11         System.out.println(c+"\n"+s1+"\n"+s2);
12     }
13 }
```

```
C:\Progra
5
5abcdef
5ab
```

图 7.10 从串中获取数据示例

7.2.8 去掉字符串两端的空格

编写中文程序时，经常会用到 trim 方法，以去掉字符串两端空格的功能。这里的空格指的是英文空格，不是中文空格。

例 7.11　编写一个去掉字符串两端空格的程序（见图 7.11）。

```
TrimExample.java
 1  class TrimExample
 2  {
 3      public static void main(String arg[])
 4      {
 5          String s1=" 张三 ";
 6          String s2=" 张三 ";
 7          String s3="张三 ";
 8          String s4="张三";
 9          String s5=s1.trim();
10          String s6=s2.trim();
11
12          System.out.println(s5==s6);
13          System.out.println(s5.equals(s6));
14
15          System.out.println(s1.length());
16          System.out.println(s6.length());
17      }
18  }
```

```
C:\Progr
false
true
4
2
Press any k
```

图 7.11　去掉字符串两端空格示例

由图 7.11 程序输出的结果可以看出：

（1）要比较两个字符串，最好使用 equals 方法；

（2）通过 length 方法，可以得到字符串的长度；

（3）一个汉字在字符串中是一个字符，在 C 语言中，一个汉字由两个字符组成。

7.2.9　在字符串中查找数据

在实用程序中，经常需要书写字符或字符串的查找程序，比如在用记事本、写字板、Word、Excel、金山 WPS、永中 Office 等软件中，都提供了查找 / 替换功能。

例 7.12　编写一个在字符串中查找数据的程序（见图 7.12）。

```
SearchExample.java
 1  class searchExample
 2  {
 3      public static void main(String arg[])
 4      {
 5          String s="abcd1234cd";        //长度为10的字符串
 6
 7          System.out.println(s.startsWith("a"));  //s是否以字符串"a"开始
 8          System.out.println(s.endsWith("a")+"\n");  //注意是ends,不是end
 9
10          int x1=s.indexOf('c');        //得到字符 'c' 在串s中的位置
11          int x2=s.indexOf("cd");       //得到字串"cd"在串s中的位置
12          int x3=s.indexOf("cd",6);     //以第6个为开始的"cd"的位置
13
14          int y1=s.lastIndexOf('c');    //从尾找起, 'c' 在串s中的位置
15          int y2=s.lastIndexOf("cd");   //从尾找起, "cd"在串s中的位置
16          int y3=s.lastIndexOf("cd",6); //以第6个位置为尾从尾找起
17
18          System.out.println( x1+"\n"+x2+"\n"+x3+"\n\n"+
19                              y1+"\n"+y2+"\n"+y3 );    //一句可以写成两行
20      }
21  }
```

```
C:\Progr
true
false

2
2
8

8
8
2
Press any k
```

图 7.12　字符串中查找示例

由图 7.12 第 7、8 行可知，尽管 a 是一个字符，但用双引号引起之后，它就是一个由单个字组成的字符串。在这两行中，a 必须用双引号引起来，因为 startsWith 和 endsWith 要求参数只能是字符串。

注意：

（1）字符串中第一个字母的位置值为 0 而不是 1。

（2）每种查找方法所得到的位置值，都是从开始位置计算的。这可以从程序输出结果得到验证。

（3）如果要找的字符或字符串不存在，则得到的值为 -1。

7.2.10　替换字符串中的字符或字符串

要实现替换功能，需要使用字符串类的 replace 方法。

◈例 7.13　编写一个替换操作示例程序（见图 7.13）。

```
ReplaceExample.java
1  class ReplaceExample
2  {
3      public static void main(String arg[])
4      {
5          String s="abcd1234cd";
6
7          String s1=s.replace('d','D');        //将s中所有的字符'd'替换成'D'
8          String s2=s.replaceAll("d","D");      //将s中所有的字符串"d"替换成"D"
9          String s3=s.replaceFirst("d","D");    //仅替换第一个匹配的字符串
10
11         String s4=s.replace("cd","CD");       //全部替换指定字符串
12         String s5=s.replaceAll("cd","CD");    //也是全部替换
13         String s6=s.replaceFirst("cd","CD");  //仅替换第一个
14
15
16
17         System.out.println( s1+"\n"+s2+"\n"+s3+"\n");
18         System.out.println( s4+"\n"+s5+"\n"+s6);
19     }
20 }
```

```
C:\Program F
abcD1234cD
abcD1234cD
abcD1234cd

abCD1234CD
abCD1234CD
abCD1234cd
```

图 7.13　替换操作示例

7.3　StringBuffer 类

通过前面的示例程序可以总结出一个结论，用 String 声明一个字符串后，这个字符串是不能改变的，即永久性字符串（immutable string）。程序员所做的，只是将字符改变后的结果保存为另一个字符串。

如果要对一个字符串做大量的处理工作，最好不要使用 String 类的字符串，否则会在内存中产生大量的垃圾字符串（见图 7.8 的程序分析）。

StringBuffer 类字符串是一种可以修改的字符串，它可以弥补 String 类字符串的不足。对 StringBuffer 类字符串的修改不会产生垃圾，而且其运行速度要比 String 类快很多倍。

7.3.1　Append 方法

StringBuffer 类使用 append 方法将其他字符串合并到本串中。

◆ 例 7.14　编写一个和图 4.8 对应的字符串合并示例程序（见图 7.14）。

```
StringBufferConcat.java
 1 class StringBufferConcat
 2 {
 3     public static void main(String arg[])
 4     {
 5         //不能写成s1="abcd",因为"abcd"是一个字符串类实例
 6         StringBuffer s1=new StringBuffer("abcd");
 7         StringBuffer s2=new StringBuffer("1234");
 8
 9
10         s1.append(s2);        //将s2追加到s1内（s2不变）
11         System.out.println(s1);
12
13         s2.append("5678");      //可以追加StringBuffer串
14         System.out.println(s2);//也可以追加String串
15     }
16 }
```

```
C:\Program
abcd1234
12345678
```

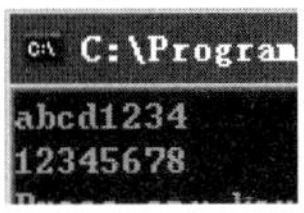

图 7.14　StringBuffer 类用法示例 1

通过两个示例程序的比较可以看出，String 类的操作方法是 concat，StringBuffer 类的操作方法是 append（追加）。

append 方法的参数不仅可以是字符串，还可以是数值、布尔值、字符数组。

7.3.2　其他常见方法

除了 append 方法外，StringBuffer 类还有一些常见的方法需要了解。

◆ 例 7.15　编写一个 StringBuffer 类的其他常见方法使用示例程序（见图 7.15）。

```
StringBuffer2.java
 1 class StringBuffer2
 2 {
 3     public static void main(String arg[])
 4     {
 5         StringBuffer s1=new StringBuffer("abcd");
 6
 7         s1.reverse();          //对象中的字符顺序颠倒过来
 8         s1.insert(2,"---");      //在第2个位置处插入"---"
 9         String s2=s1.toString();//转为字符串类实例
10                                 //某些场合需要转换
11         System.out.println(s2);
12
13
14         StringBuffer s3=new StringBuffer("1234");
15
16         s3.reverse().insert(2,"---");//相当于第7,8行
17         System.out.println(s3);       //不转换也可以打印
18     }
19 }
```

```
C:\Program
dc---ba
43---21
```

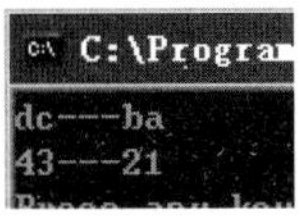

图 7.15　StringBuffer 类用法示例 2

由图 7.15 的 16 行可知，方法操作可连续使用，理论上，连续次数不限。执行顺序是从左到右。

例如：

StringBuffer b=new StringBuffer ( ) ;

b.append(" 铲除 ").append(" 日本 ").append(" 军国主义 ").append(" ! ! ! ");

除了示例中的三种方法外，StringBuffer 类常见的还有 indexOf、replace、substring、insert、delete 等方法。

7.3.3　StringBuffer 对象的长度与容量

StringBuffer 对象所包含的字符串的实际长度，本书称为长度（length），例如：图 7.15 第 5 行 s1 的长度为 4。

在 Java 中，实例是存放在一个称为堆的区域中。这些实例被顺序堆砌在一起，显然，要修改存放在堆中的字符串的长度是不可行的，这就如同想让一面砌好的墙内的某块砖再变长一点一样难。然而，实际应用中，经常会碰到确实需要修改字符串长度的问题。

为了解决这一矛盾，Java 特意编写了一个 StringBuffer 类，这个类的数据不放在堆中，而是放在了另一数据存放地——缓冲区。

Java 的数据存放地有两处，一处叫堆（heap），主要用于存放实例；一处叫缓冲区（buffer），主要存放局部变量等生存期较短的数据或变化较大的数据。

字符串在缓冲区内占用的内存数量被称为容量（capacity）。容量总是比字符串的长度要大一些，以方便后续操作。而且，容量会随着字符串长度的变化随时调整大小甚至是缓存区内的存放位置。

容量可以查询或指定，比如在图 7.15 中，可以使用 int x=s1.capacity（);获得 s1 的容量，也可以用 s1.capacity（) = 50; 来指定 s1 的容量。但当要指定容量小于字符串长度时，语句不会被执行。

7.4　Math 类

和 String 类一样，Math 类是 Java 提供的一个基本类。

7.4.1　Math 类的属性和方法

Math 类中定义了两个 static、final 属性 E 和 PI。其中 E 值为 2.7182818，PI 值为 3.1415926。Math 类中定义了很多 static、final 方法，常用方法如表 7.2 所示。

表 7.2　Math 类常用方法表

返回值	方法名及参数	意义
double	sindouble（double a） cosdouble（double a） tandouble（double a） atandouble（double a）	Returns the sine of an angle ……
double	expdouble（double a） logdouble（double a） log10double（double a）	Returns the Euler's number Returns the natural logarithm （base e） Returns the base 10 logarithm
double	powdouble, double （double a, double b）	Returns the ab
double	random（）	Returns a double value within[0,1）
double	toDegreesdouble （double angrad） toRadiansdouble （double angdeg）	angle to degrees. degrees to angle
double	sqrtdouble（double a） cbrtdouble（double a）	Returns the square root Returns the cube root
double double long|int	ceildouble（double a） floordouble（double a） roundfloat（double|float a）	Returns the smallest（closest to negative infinity） Returns the largest（closest to positive infinity） Returns the closest long|int to the argument
double|float|long|int	absdouble （double|float|long|int a） min （double|float|long|int a,b） max （double|float|long|int a,b）	Returns the absolute value Returns the smaller of two values. Returns the greater of two values

说明：

（1）toDegrees 方法的参数是弧度，而 toRadians 方法的参数是角度。

（2）round 方法返回四舍五入后的整数，ceil 返回值大于等于参数的（整）数，floor 返回值最小于等于参数的正（整）数。

7.4.2 Math 类应用示例

◆ 例 7.16 编写一个 Math 类常见方法使用示例程序（见图 7.16）。

```
MathExample.java
 1  class MathExample
 2  {
 3      public static void main(String args[])
 4      {
 5          double x=Math.toDegrees(Math.PI/2);
 6          System.out.println(x);                    //打印角度
 7
 8          System.out.println(Math.abs(-88));        //打印绝对值
 9          System.out.println(Math.abs(-0));         //-0的绝对值为0
10
11          System.out.println(Math.sqrt(16d));       //16的平方根为4.0
12
13          double z=Math.sqrt(-16d);                 //NaN--Not a Number
14          System.out.println("z="+z);               //打印NaN
15          System.out.println(z==Double.NaN);        //NaN!=NaN
16          System.out.println(Double.isNaN(z));      //正确判断方法
17
18          double t=Math.tan(Math.toRadians(45));
19          System.out.println(t);   //45度角的正切值为0.9999999999999999
20
21          System.out.println(Math.ceil(-5.8));      //返回-5.0
22          System.out.println(Math.ceil(-5.1));      //返回-5.0
23          System.out.println(Math.ceil(5.8));       //返回6.0
24          System.out.println(Math.ceil(5.1));       //返回6.0
25
26          System.out.println(Math.floor(-5.8));     //返回-6.0
27          System.out.println(Math.floor(-5.1));     //返回-6.0
28          System.out.println(Math.floor(5.8));      //返回5.0
29          System.out.println(Math.floor(5.1));      //返回5.0
30      }
31  }
```

```
C:\Program File:
90.0
88
0
4.0
z=NaN
false
true
0.9999999999999999
-5.0
-5.0
6.0
6.0
-6.0
-6.0
5.0
5.0
Press any key to a
```

图 7.16 Math 类常见方法使用示例

7.5 日期和时间类

在编写实用程序时，日期和时间是一种很常用、很关键的数据，比如出生日期、交易时间等。因此，这部分内容很重要。但 Java 在时间处理方面做的不太成功，这部分内容也不是在考试范围之内。

目前，和时间相关的类有 Date、Calendar 和 DateFormat。DateFormat 主要用于日期格式设置。

7.5.1 Date 类

Date 类常用的方法如表 7.3 所示。

表 7.3 Date 类常用的方法

方法名	
getTime（ ）	得到 1970 年 1 月 1 日至今的毫秒数
setTime（毫秒数）	指定 1970 年 1 月 1 日以后的毫秒数
clone（ ）	复制一个时间精确相同的实例

续表

方法名	
compareTo（Date 类实例）	和某个日期实例比较，相等返回 0；早于返回负值；晚于返回正值
equals（Date date）	和 date 实例比较，相同返回 true；否则返回 false
before（Date date）	和 date 实例比较，早于返回 true；否则返回 false
after（Date date）	和 date 实例比较，晚于返回 true；否则返回 false

表中的方法参数写成了多种样式，有中文也有英文，这并不是编写不认真，而是为了让读者适应各种写法。

由表 1 可见，Date 的主要功能是进行时间比较。尽管 Date 还有 getDate、getYear、getMonth、getDay、getHour 等方法，但都属于被 SUN 公司划为过时的方法，最好不要用。如果一定要使用，编译会通过，但会出现"过时"提示。这种自己否定自己的做法是由于 Java 最初欠考虑造成的。

Java 对"过时"一词的解释是，旧版本 Java 提供的某些类或方法已不符合新版本的要求，或其中有瑕疵，但为了保持 Java 版本的兼容性，新版本的 Java 还会保留这些旧版本的类或方法，但新版本中，提供了比旧版本更好用的类或方法，并且推荐用新版本中所提供的类或方法。

通过上述分析可以知道，Date 类是一个"发育不全"的类、但为了早期编写的 Java 程序能够被编译通过（即为了保持版本的兼容性），Java 不得不保留 Date 类。

要编写日期时间方面的程序，最好使用 Calendar 类。

例 7.17　编写 Date 类使用示例程序（见图 7.17）。

图 7.17　Date 类使用示例

运行程序，结果显示：当前时间是星期一，9 月 4 日 11 点 53 分 30 秒 2006 年，只要时间前后差一毫秒，都会导致时间差。

Java 中，保存在基本类包——Java.Lang 包内的各种类不需要 import 就可直接使用。比如 String 类、Math 类等。Date 类不在 Java 的基本类包中，而是放在了 util 包内，因此，要使用 Date 类，就必须在源程序文件的开始处，通过 import 语句将其引入本程序。

7.5.2 Calendar 类

Calendar 类是 SUN 公司推荐的，目前使用最广的日期时间类，这是一个抽象类，即其中有些方法尚未编写。但它提供的非抽象方法也基本够用。

Calendar 类常用的方法见表 7.4 所示。

表 7.4 Calendar 类常用的方法

方法名	
Calendar getInstance（ ）	返回一个本地含时间的 Calendar 对象
Calendar getInstance（时区）	返回一个某时区时间的 Calendar 对象
getTime（int calendarField）	返回日期或时间的某一项的值（如年、秒等）
getTimeZone（ ）	返回调用对象的时区
set（年，月，日，时，分，秒）	指定 1970 年 1 月 1 日以后的毫秒数
setTimeZone（TimeZone tz）	
clone（ ）	复制一个时间精确相同的实例
equals（Object calendarObj）	和 calendarObj 实例比较，相同返回 true；否则返回 false
before（Object alendarObj）	和 calendarObj 实例比较，早于返回 true；否则返回 false
after（Object calendarObj）	和 calendarObj 实例比较，晚于返回 true；否则返回 false

例 7.18 编写一个显示当前日期和时间的示例程序（见图 7.18）。

```
CalendarExample1.java
 1   import java.util.Calendar;
 2
 3   class CalendarExample1
 4   {   public static void main(String arg[])
 5       {
 6           getTime t=new getTime();
 7           System.out.println("当前日期 "+t.yy+"年"+t.mm+"月"+t.dd+"日");
 8           System.out.println("当前时间 "+t.hh+":"+t.mi+":"+t.ss+"."+t.ms);
 9       }
10   }
11   //========================================================
12   class getTime
13   {   Calendar c = Calendar.getInstance();//创建一个日历实例
14       int yy=c.get(Calendar.YEAR   );        //得到年月日、时分秒、毫秒
15       int mm=c.get(Calendar.MONTH  )+1;
16       int dd=c.get(Calendar.DATE   );
17                                         //得到上下午值0/1
18       int hh=c.get(Calendar.HOUR   )+ 12 * c.get(Calendar.AM_PM);
19       int mi=c.get(Calendar.MINUTE);
20       int ss=c.get(Calendar.SECOND);
21       int ms=c.get(Calendar.MILLISECOND);
22   }
```

```
C:\Program Files\Xinox
当前日期 2006年9月4日
当前时间 18:36:48.78
Press any key to continue
```

图 7.18 获取当前时间的示例程序

程序分析：

（1）第 1 行：因为 Calendar 类不是内部类，因此，需要使用 import 语句。

（2）第 13 行：因为 Calendar 类的时间特殊性，被声明为 protected，因此，不能直接创建实例，但可以用 getInstance（ ）方法获得。

（3）第 15 行：Calendar 给出的月份值是 0 ~ 11，这主要是为将月份值转为文字表示的月份提供方便（见示例程序 4.12）。因此，此程序中的月份值需要加 1，才能和正确的月份值相符。

（4）第 18 行：Calendar 给出的 HOUR 值是 1 ~ 12，因此，要转换为 24 小时制，还需要判断当前是上午还是下午。get（Calendar.AM_PM）方法可以得到上、下午信息，如果当前为上午，得到值为 0，如果是下午，得到值为 1。用这个结果乘上 12 再加上当前小时数，即得到了 24 小时制的当前小时数。如果第 18 行参数为 HOUR_OF_DAY，则能直接得到当前的 24 小时制的小时数。

（5）第 21 行：1 秒 = 1000 毫秒。

由图 7.18 可以看出，在 Calendar 类中，有许多和日期相关的属性，每个属性的所有字母全部大写。常用的 Calendar 类属性见表 7.5 所示。

表 7.5　日历类中常用的变量名表

变量名	意义	变量名	意义	变量名	意义
YEAR MONTH DATE AM_PM	年 月 日 上午 / 下午	ZONE_OFFSET HOUR HOUR_OF_DAY MINUTE SECOND MILLISECOND	时区 时 （<=12） 时 （<=24） 分 秒 毫秒	DAY_OF_WEEK WEEK_OF_MONTH WEEK_OF_YEAR	星期几 月内第几个星期 年内第几个星期

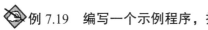 例 7.19　编写一个示例程序，报告今天是星期几（见图 7.19）。

```
PrintHanWeek.java
1   import java.util.Calendar;
2
3   class printHanWeek
4   { public static void main(String arg[])
5     {
6       char H[]={' ','日','一','二','三','四','五','六'};
7
8       Calendar c = Calendar.getInstance();
9       int x =c.get(Calendar.DAY_OF_WEEK);
10
11      System.out.println(x);
12      System.out.println("今天是星期"+H[x]);
13    }
14  }
```

图 7.19　显示当前汉字星期值示例

由图 7.19 可知，DAY_OF_WEEK 的值为 1 ~ 7，星期日的值为 1。

例 7.20　计算并报告现在离北京奥运会开幕还有多少天（见图 7.20）。

程序分析：

（1）要计算两个日期之间的天数，需要先得到两个日期值。在图 7.20 中，通过第 17 行，得到了当前日期，然后通过第 18 ~ 21 行，得到了北京奥运会开幕日期。

（2）Calendar 类中，没有提供日期相减的方法，因此，要得到两个日期相差的天数，需要使用循环（见图 7.20 23 ~ 29 行）。

```java
DaysToOlympics.java

 1   import java.util.Calendar;
 2   //=====================================
 3   class DaysToOlympics
 4   {
 5       public static void main(String arg[])
 6       {
 7           DayCount d=new DayCount();
 8           int x=d.getDays();
 9           System.out.println("距北京奥运会仅剩"+x+"天");
10       }
11   }
12   //=====================================
13   class DayCount
14   {
15       int getDays()
16       {
17           Calendar now = Calendar.getInstance();     //得到当前日期
18           Calendar future = Calendar.getInstance();
19           future.set(Calendar.YEAR,2008);            //修改future日期
20           future.set(Calendar.MONTH,6);              //7月份
21           future.set(Calendar.DATE,25);
22
23           int days=0;                                //使用循环计算天数
24           while (!future.equals(now))                //当两个日期不相等时
25           {
26               future.add(Calendar.DATE,-1);          //每次循环，日期减1
27               days++;
28           }
29           return(days);                              //返回循环计数结果
30       }
31   }
```

图 7.20　循环语句

有了这一程序，再配以相应的硬件，读者就可以制作路边的计时牌了。

7.6　输入输出类

计算机的一个重要处理方面是输入 / 输出（Input/Output，简称 I/O）。输入 / 输出是一个程序和外界（包括用户）交换信息的途径。比如从键盘 / 鼠标读入数据、从文件内读入数据或从网络上读入数据，向屏幕 / 打印机输出数据、向文件输出数据，向网络送出数据等。

尽管输入 / 输出很重要，但 Java 程序一般都是通过窗口或网页和用户交换信息，因此，如何在 DOS 窗口编写 I/O 程序并不重要。在此做简短介绍，主要是是为了让读者了解 Java 关于输入 / 输出的一些基本概念、基本原理。

7.6.1　什么是流

Java 将所有输入 / 输出的信息都看成是一种"流"。 即 Java 通过"流"实现与物理设备如键盘、鼠标、显示器、打印机、磁盘、网络等发送或接收信息。

有了"流"这一概念，读者在编写程序时，就不必考虑某种设备的具体工作原理，只需要按照流的属性和方法编程即可，这极大的降低了程序员程序开发的复杂度。

Java 2 定义了两种类型的流：字节流和字符流。字节流（byte stream）即以一个字节为单位，逐个读取或写入，它主要用于读取或写入二进制数据。字符流（characterstream）即以一个字符为单位，逐个读取或写入，它主要用于一般数据处理。比如要向文件内写入

一段加密密码，则应使用字节流，如果是普通文字，则应使用字符流。

实际上，在最底层，所有的输入 / 输出都是字节形式的。基于字符的流只为处理字符提供方便有效的方法。

7.6.2　字节流类与字符流类

表 7.6 列出了 Java 提供的字节流类与字符流类。

表 7.6　常用字节流类与字符流类表

字节流类	含义	字符流类	含义
BufferedInputStream BufferedOutputStream ByteArrayInputStream ByteArrayOutputStream DataInputStream DataOutputStream FileInputStream FileOutputStream PipedInputStream PipedOutputStream RandomAccessFile PrintWriter	缓冲输入流 缓冲输出流 从字节数组读取 向字节数组写入 读取标准数据流 输出标准数据流 读取文件的输入流 写文件的输出流 输入管道 输出管道 随机文件输入 / 输出 包含 print（　）和 println（　）的输出流	BufferedReader BufferedWriter CharArrayReader CharArrayWriter FileReader FileWriter FilterReader FilterWriter InputStreamReader OutputStreamWriter LineNumberReader PipedReader PipedWriter PrintWriter	缓冲输入字符流 缓冲输出字符流 从字符数组读取 向字符数组写入 读取文件的输入流 写文件的输出流 过滤读 过滤写 把字节转换成字符 把字符转换成字节 计算行数的输入流 输入管道 输出管道 包含 print（　）和 println（　）的输出流

7.6.3　输入输出类应用示例

要使用 I/O 类，必须导入 java.io 包，这是因为这些类被保存在 java.io 包内，没有保存在 Java.Lang 包内，即这些类应该先导入，后使用。

例 7.21　提示用户输入一个数，然后输出此数的开立方值（见图 7.21）。

```
import java.io.*;                       //IO操作需要引入java.io包

class keyInTest
{   public static void main(String args[]) throws IOException
    {
        String s="";
        int c;
        int n=0;

        while( (c=System.in.read()) !=13 )
        {
            s=s+(char)c;
            n++;
        }
        System.out.println("字符数:"+n+"\n内容:"+s);

        double x=Double.parseDouble(s);
        System.out.println("此数开立方后的结果为:"+Math.cbrt(x));
    }
}
```

图 7.21　键盘输入处理示例

程序分析：

（1）第1行：本行为引入语句，要在程序中使用 I/O 类，必须引用此包中的类。这里使用了"*"号，意思是全部引用。这样就没有必要具体指明到底要引用哪些。

（2）第4行：这是本书中 main 方法中首次使用 throws 子句。以前本书介绍过，如果在一个方法内不用 try…catch 语句捕获并处理异常，就需要在方法声明时，将书写抛出异常子句，将异常抛给上级（参见第6章）。main 方法的上级显然是 JVM。

凡是用到 I/O 类的地方，都必须考虑异常处理问题。

（3）第10行：这是一个较复杂的语句，变量 c 先得到从键盘读入的字符，字符再自动转为整型数值，然后和13比较，如果不相等，则循环。13是回车键的键值，因此，此句程序的意思是：程序一直循环，接收用户的键盘输入，直到用户按下回车键，才结束循环。

本句中的 in 类是 BufferedReader 类的子类。

（4）第11～14行：通过循环，得到了输入的字符串以及输入的字符数（回车没有计算在内）。

第10～14行的循环可以用 BufferedReader 类的 readline 方法代替，但它需要先创建此类的实例，并且仍然需要判断输入何时结束，相对而言，没有本示例简单。

（5）第17行：要对输入的数开立方，先要将字符串转为数值。

例 7.22 编写一个程序，它能在 C 盘根目录创建一个文件 temp.txt，并在文件内写入一行内容"Congratulation"（见图 7.22）。

```
CreateFile.java
1    import java.io.*;
2
3  class CreateFile
4  {
5      public static void main(String args[]) throws IOException
6      {
7          FileOutputStream f=new FileOutputStream("c:/temp.txt");
8
9          String s="Congratulation!";
10         char[] x=s.toCharArray();
11
12         for(int i=0;i<x.length;i++)
13             f.write(x[i]);          //每次只能写入一个字符
14         f.close();                  //程序最后要关闭文件
15     }
16  }
```

图 7.22　文件写入示例

编译运行程序，然后双击 C 盘根目录下的 temp.txt 文件，即会发现文件成功创建。

7.7　数组类

在"java.util"包中，专门有一个数组类 Arrays，该类提供了一些方法用于排序、查找等操作，在编制程序中可以直接使用这些方法。

7.7.1　数组的排序

在 Arrays 类中的静态排序方法为 Sort（数组名）。此方法用改进的快速排序方法对指定的数组进行排序，数组类型可以是 char、byte、short、int、long、float、double 或者 boolean 的一个数组。

例 7.23 编写一个程序，对一组整型数值"9,1,3,4,2,5,7,6,8"数组排序。

```java
import java.util.*;
public class ArraySort
{
    public static void main(String args[])
    {
        int a[]={9,1,3,4,2,5,7,6,8};
        System.out.println("数组 a 排序前为:");
        for(int i=0;i<a.length;i++)
            System.out.print(a[i]+"   ");
        System.out.println();
        System.out.println("数组 a 排序后为:");
        Arrays.sort(a);
        for(int i=0;i<a.length;i++)
            System.out.print(a[i]+"   ");
    }
}
```

7.7.2　查找

在 Arrays 类中的静态查找方法为 binarySearch（数组名,被查找值）。该方法用折半查找算法在指定的数组中查找等于指定值的元素。如果找到，则返回该元素的下标；如果没有找到，则返回一个负值，此值的绝对值是要找到值在数组中应插入到的位置。

7.7.3　填充

在 Arrays 类中的静态填充方法为 fill（数组名,要填充的值）。该方法的执行结果是：数组中的所有元素的值都变成了要填充的值。

第 8 章　窗口界面开发

8.1　Java 界面开发基础知识

Java 有着丰富的类库，类库也称为 Java API（ Application Programming Interface ）。因此，在 Java 的世界里读者必须学习两样东西，第一读者必须学习 Java 语言，以便读者可以设计自己的类，第二读者必须学习使用 Java 类库，利用别人已经设计完成的类。

8.1.1　JavaAPI 类包

Java 的 API 中的类被分成了 8 个包：

Java.lang　　　　　包含所有的基本语言类（自动导入，不需语句导入）

Java.until　　　　　包含有用的数据类型类

Java.awt　　　　　包含抽象窗口工具中的图形、文本、窗口等

Java.applet　　　　包含所有的实现 Java Applet 的类

Java.io　　　　　　包含所有的输入输出类

Java.net　　　　　包含所有的实现网络类

Java.awt,image　　包含抽象窗口工具集中的图像处理类

Java.awt.peer　　　包含所有的平台无关的 GUI 工具集界面

Java 语言提供了一套现成的标准的类，这个类集被称为类库。类库被分成许多包，每个包都是一些相关的类。下面给出 Java 中常用的一些包：

（1）Java.lang 包。这是个 Java 语言核心类包，是 Java 编程中最常用的类集。这些类被称为核心类。比如 String、Math、Interger、Thread 等。

（2）Java.awt 包。这是一个编写窗口程序要用到的类包，通过使用其中的类，可以创建窗口、菜单、按钮、文本框、滚动条、对话框等。

（3）Java.applet 包。编写可在浏览器中运行的程序时会用到这个包内的类。

（4）Java.net 包。编写网络通讯类软件如聊天室程序时需要用到这个包内的类。

（5）Java.io 包。编写 I/O 类软件，如读写磁盘、打印、键盘操作等输入/输出类程序时，需要用到这个包内的类。

（6）Java.util 包。一个特别包，其中包含了如产生随机数、哈希表、堆栈、可变数组、日期时间处理等类。

8.1.2 AWT 简单介绍

Windows 因为良好的图形用户操作界面（Graphical User Interface，GUI）而受到了广泛欢迎。Java 做为当前最流行的编程工具，自然提供了很多的类以支持图形用户界面程序的开发。

窗口界面应用开发主要使用两个类集 AWT（Abstract Window Toolkit：抽象的窗口设计工具集）和 Swing。

AWT 和 Swing 既可用于 Java Applet 的开发，也可用于普通应用程序开发。

AWT 工具包的类层次结构见图 8.1 所示。

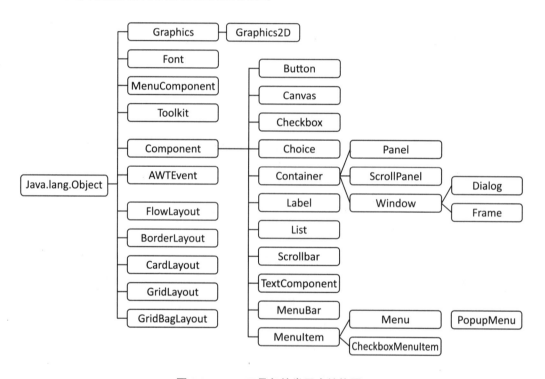

图 8.1　AWT 工具包的类层次结构图

表 8-1　AWT 的主要组件（Component）

类名	中文名称	功能
Frame	框架	创建窗口
Button	按钮	用于执行某个程序
Label	标签	显示字符串
TextField	文本框	显示或输入字符串

类名	中文名称	功能
TextArea	多行文本框	可显示或输入多行文本
List	列表框	直接展开式列出选项，供用户选择
Choice	组合框	点击后展开，列出选项，供用户选择
CheckBox	复选框	方形选框，每个都可以选中或不选
CheckBoxGroup	单选按钮	圆形选钮，多个为一组，只能选其中之一
ScrollBar	滚动条	可和其他控件配合使用
Dialog	对话框	弹出窗口，显示一些信息
Canvas	画布	用于绘制图形
Panel	容器	必须放在窗口或其他容器内做容器用
scrollPanel	可滚动容器	即在容器的右侧或下侧可出现滚动条的容器

要设计一个用户操作界面，首先需要建立一个窗口。窗口属于一种容器，在窗口之内可以容纳多个组件或容器。一般使用 Frame 创建窗口。

例 8.1：利用 Frame 创建一个简单的窗体（图 8.2）。

图 8.2　简单窗体界面

实现代码如图 8.3 所示。

```
import java.awt.*;          //导入窗口包
import java.awt.event.*;    //导入事件包

public class windowTest0
{   public static void main(String args[])
    {
      Frame f;
      f=new Frame("Windows0");  //新建窗口实例
      f.setLocation(100,100);   //窗口位置
      f.setSize(300,200);       //窗口大小
      f.setVisible(true);       //显示窗口
    }
}
```

图 8.3　简单窗体代码

生成一个窗口实例的语法为：Frame 窗口名；窗口名 =new Frame（窗口标题）;。也可直接写成 extends Frame; 后两行可以写成 this.setbounds（x,y, w,h）;。

在完成一个窗口设计之前，一般还应指定窗口的大小、位置，然后将窗口的可见属性设置为 true。这样可以在屏幕上看到一个空窗口。窗口的大小和位置单位是象素。

屏幕是由一个个的点组成的，每一个点叫一个象素，象素是屏幕显示内容的最小单位。每个屏幕上可显示的点数叫分辨率，比如最常见的屏幕分辨率 800×600，就是指屏幕每行由 800 个点组成，共 600 行。

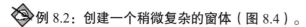例 8.2：创建一个稍微复杂的窗体（图 8.4）。

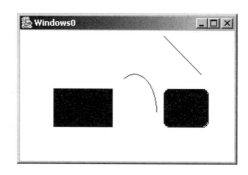

图 8.4　稍微复杂窗体界面

实现代码如图 8.5 所示。

```java
import java.awt.*;
//import java.awt.event.*;

public class draw extends Frame
{
    public static void main(String args[])
    {   draw w=new draw();
        w.setTitle("Windows0");
        w.setLocation(400,400);
        w.setSize(300,200);
        w.setVisible(true);
    }
    public void paint(Graphics g)
    {   g.drawLine(200,30,250,80); //始点x,y;终点x;y
        g.drawRect(50,100,80,50);   //左上角x,y;宽度;高度
        g.fillRect(50,100,80,50);   //填充
        g.drawRoundRect(200,100,60,50,15,15);//画一圆角矩形
        g.fillRoundRect(200,100,60,50,15,15);//后两项为角的圆度
        g.drawOval(100,200,30,50);        //画一椭圆(在一个矩形内)
        g.drawArc(130,80,60,100,0,120);   //画一圆弧(在一个矩形内)
    }   //画在一个矩形中，所以前四项和矩形参数相同
}       //后两项为起止角度
```

图 8.5　复杂窗体代码

但是这个窗口出现后，却无法关闭此窗口。因为这个窗口还没有对鼠标操作响应的能力。因此还要向上面的程序中，添加鼠标事件处理程序。

例 8.3：　**为程序添加鼠标响应事件代码。**

```
import java.awt.*;                              //导入窗口包
import java.awt.event.*;                        //导入事件包
/*================================================*/
public class windowTest2
{  public static void main(String args[])
    {
     myWindow f=new myWindow();
     f.left=100;f.top=100;f.width=300;f.height=200;
     f.caption="window2";
     f.create();
    }
}
/*================================================*/
class myWindow implements WindowListener
{
    public Frame f;
    public int left,top,width,height;
    String caption;
    public void create()                    /*创建窗口方法*/
    {  f=new Frame(caption);                  //新建窗口实例
       f.setLocation(left,top);              //窗口位置
       f.setSize(width,height);                //窗口大小
       f.addWindowListener(this);            //窗口事件
       f.setVisible(true);                   //显示窗口
    }
    /*---为了能够关闭窗口,需要重写接口中的以下方法*/
    public void windowClosing     (WindowEvent e)
       { System.exit(1);
    public void windowOpened      (WindowEvent e){}
    public void windowClosed      (WindowEvent e){}
    public void windowActivated   (WindowEvent e){}
    public void windowDeactivated(WindowEvent e){}
    public void windowIconified   (WindowEvent e){}
    public void windowDeiconified(WindowEvent e){}
}
```

图 8.6 鼠标操作响应部分代码

8.1.3　Java Applet 介绍

一个普通 Java 程序是由若干类组成，其中一个类必须包含 main 方法，此方法是程序的起始点。类似的，一个 Java Applet 也是由若干个类组成的，其中必须有一个 Applet 类的子类，即某个类必须在声明中含有 "extends applet" 子句，而且这个类必须是 public 的。

例 8.4：**编写一个带有窗口的 java Applet 小程序（图 8.7）。**

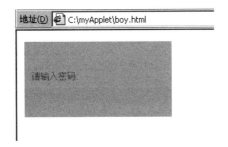

图 8.7　带有窗口的 java Applet

代码如图 8.8 所示。

```
import java.applet.*;
import java.awt.*;
public class boy extends Applet
{
    public void paint(Graphics g)
    {   g.setColor(Color.red);
        g.drawString("请输入密码:",10,50);
    }            //以画板区域左上角为起始位置,
}                //向右10个点,向下50点位置处,
}                //画出"请输入密码:"几个字符。
```

图 8.8　带有窗口的 java Applet 代码

编译成功后，同样会产生一个扩展名为 .class 文件，但这个文件不能单独运行，而是必须通过一个网页文件调用。因此，读者需要先启动 UltraEdit 或记事本程序，编写一个文本文件，在文件中输入一个超文本命令语言：

```
<applet  code=boy.class  height=100 width=200> </applet>
```

将此文件保存到 myApplet 文件夹内，文件的名字可以是"boy.html"。然后从"我的电脑"中找到这个网页文件，双击此文件，即可在浏览器中看到 boy.class 程序的运行结果。

一个 Java Applet 的执行过程称为这个小应用程序的"生命周期"。与小程序生命周期有关的方法主要有：

（1）初始化方法 init（）

这一方法是小程序开始运行时会自动执行第一个的方法。其主要功能是设置小程序的初始状态，如划出屏幕区间，装载图像、设置变量、创建对象等。

（2）开始方法 start（）

初始化完成之后，紧接着会自动执行这一方法。而且当用户从其他网页再次切换到本网页时，还会再次执行本方法，此方法是网页处于活动状态的一刻要执行的方法。因此，这个方法有可能被多次执行。而 init（）方法只会在程序启动时被执行一次。

（3）绘制方法 paint（）

这一方法用于屏幕上显示文字、设定背景或文字色彩、绘制图形图像等。当小程序的显示区域要出现或被其他窗口遮住后重现、窗口大小调整或有新图文显示时，都会执行此方法。因此，这一方法也有可能多次被运行。

paint（）方法需要使用一个参数图形参数，如 public void paint（Graphics g）｛……｝

（4）stop（）方法

和 start（）方法相反，用户切换到其他网页时，会执行 stop（）方法。比如在小程序运行过程中用户启动了播放音乐的功能，如果程序没有在 stop（）方法中停止音乐播放，则当用户打开其他网页或程序时，音乐依然会继续。

（5）destroy（）方法

当本网页关闭时，小程序也会在结束自身生命之前，执行 destroy（）方法。通过在这一方法中编写一些特效程序，可以实现在网页被关闭时的一些创意。

例 8.5：**编写一个体现 Applet 生命周期的小程序。**

具体步骤为：

（1）启动 UltraEdit 或记事本，编写一个如图 8.8 所示的程序。

（2）将其保存在 C:\applet 文件夹中，如果此文件夹不存在，则新建此文件夹。

（3）在 DOS 方式下编译此程序。

（4）书写一超文本方档 test1.html：

```
<applet   code=aMethodTest.class   height=100 width=200> </applet>
```

书写完毕，将此文件保存到小程序所在文件夹 C:\applet 文件夹中。

（5）用鼠标双击此超文本文件，查看程序运行结果。

```
import java.applet.*;
import java.awt.*;
public class aMethodTest extends Applet
{   int x,y; String s;                    //定义三个变量
    public void init (){ s="★★★"; }    //指定s值

    public void start()                   //指定x值
    { x=(int)(Math.random()*100);
    }

    public void paint(Graphics g)
    {
        y=(int)(Math.random()*100);       //指定y值
        g.setColor(Color.red);
        g.drawString(s,x,y);
    }
}
```

图 8.9　体现 Applet 生命周期的小程序代码

启动网页程序后，会发现字符串已出现在了小程序画面内随机一个位置。证明程序启动完成后，init（）、start（）和 paint（）三个方法均被执行了一次。

当单击浏览器工具栏内的刷新按钮 时，会发现字符串的水平和垂直位置均改变了。证明刷新网页后，三个方法被再次执行。

如果最小化此网页后再还原此网页，则会发现仅仅文字的垂直坐标发生了改变。证明只运行了 paint（）方法。

容器内组件的布局格式：

若干组件加入到某个 Java 容器内时，会根据不同的布局格式确定每个组件在容器内的位置。

（1）FlowLayout 布局。这是默认布局格式，它按组件的先后顺序从左到右依次紧密排列，一行排满后再另起一行。

（2）BorderLayout 布局。将容器划分为东西南北中五个区域。每个组件应指定区域名。

（3）CardLayout 布局。类似扑克牌式的布局，将若干组件放入一个卡内后，同一时刻只能显示其中某个组件。

（4）GridLayout 布局。将一个容器用网格分成若干大小相同的区域，每个区域还可再用网格细分。同级别的每个格中的控件大小要求相同。这是一种功能最强的布局控制格式，常用于调查表类的包含许多个文本框等组件的程序中。

（5）null 布局。即无布局，没有固定的摆放规则。组件可以通过 setBounds 方法任意指定每个组件的位置和大小。这是最常用的一种布局格式。

设置布局格式的语句为：setLayout（布局名）。例如：

```
setLayout(new BorderLayout());
setLayout(new GridLayout(5,3));
setLayout(null);
```

例 8.6：编写一个 Applet，要求在用户界面中包含一个标签、一个文本框、一个按钮（图 8.10）。

图 8.10　小程序的用户界面

实现代码如图 8.11 所示。

```
import java.applet.*;
import java.awt.*;
public class siteTest extends Applet
{
    Label      L;           //定义三个实例
    TextField T;            //它们可以在整个类中使用
    Button    B;

    public void init()
    { setLayout(null);      //设置空布局模式

      L=new Label("密码:",Label.LEFT);
      T=new TextField();
      B=new Button("确定");

      add(L); L.setBounds(10,10,40,20);
      add(T); T.setBounds(50,10,80,20);
      add(B); B.setBounds(60,50,40,20);
      T.setEchoChar('*');
      T.setText("1234");
    }
}
```

图 8.11　程序界面的实现代码

程序说明：setBounds（）相当于 setSize（宽 , 高）和 setLocation（左 , 上）两个方法。

窗口容器本身也可以设置大小。但如果在 HTML 文档中指定的小应用程序的大小，则小应用程序中的 setSize（）方法将不起作用。

由于小应用程序是嵌入网页的，因此，用 sctLocation（）对窗口容器本身设置位置是无意义的。

8.2　常用组件的有关用法

常用的窗口设计组件有文本框、标签、列表框、按钮、菜单等。

8.2.1　文本框

建立文本框的方法：

new TextField（）：建立一个长度为一个字符的文本框。

new TextField（n）：建立一个长度为 n 个字符的文本框。

new TextField（s）：建立一个初始内容为 s 字符串的文本框。

new TextField（s,n）：建立一个初始内容为 s 字符串，框长为 n 的文本框。

操作文本框的常用方法：

getText（）：得到文本框中的字符串。

setText（s）：将文本框中的字符串设为 s。

setEchoChar（c）：将某个字符设为文本框的回显字（主要用于隐式显示密码）。

setEditable（true/false）：设置文本框可否被录入或修改。

处理文本框事件所需知识：

文本框的接口使用的是 ActionListener。

文本框的接口方法为：public void ActionPerformed（ActionEvent e）

允许得到文本框事件的方法为：addActionListener（Listener）

禁止得到文本框事件的方法为：removeActionListener（Listener）

当用户初次选择或以后改变所要选择的项时，就产生了 itemStateChanged 事件，就会执行 itemStateChanged（ItemEvent e）方法中的程序语句。

　例 8.7：新建一个 java Applet，最终效果：如果用户输入密码不是 "abcd"，则提示用户密码错误；如果正确，则表示欢迎（图 8.12）。

图 8.12　有密码判断的程序界面

实现代码如图 8.13 所示。

```
import java.applet.*;
import java.awt.*;
import java.awt.event.*;
public class siteTest extends Applet implements ActionListener
{
    Label L,P;      TextField T;  Button B;

    public void init()
    {   setLayout(null);
        L=new Label("密码:",Label.LEFT);
        P=new Label("提示:",0);
        T=new TextField("1234",8);
        B=new Button("确定");

        add(L); L.setBounds(10,10,40,20);
        add(P); P.setBounds(10,80,80,20);
        add(T); T.setBounds(50,10,80,20);
        add(B); B.setBounds(60,50,40,20);
        B.addActionListener(this);
    }
    public void actionPerformed(ActionEvent e)
    {   if (e.getSource()==B)
        {  if (T.getText().equals("abcd")) P.setText("欢迎光临");
           else                            P.setText("密码错误");
        }
    }
}
```

图 8.13　有密码判断的程序的实现代码

8.2.2　标签

建立标签的方法：

new Label（s）：建立一个标签，标签上的显示内容为 s。

new Label(s,x)：建立一个标签，显示内容为 s，内容位置居于标签的 x 处。x 值为左（0 或 Label.LEFT）、中（1 或 Label.CENTER）、右（2 或 Label.RIGHT）之一。

操作文本框的常用方法：

getText（）：得到标签中的字符串。

setText（s）：将标签的显示内容设为 s。

setBackground（c）：设置标签的背景色为 c，标签的背景色默认为容器的颜色。

setForeground（c）：设置标签的文字色为 c，默认为黑色。

8.2.3　按钮

建立按钮的方法：

new Button（s）：建立一个按钮，按钮上的文字为 s。

操作文本框的常用方法：

getLabel（ ）：得到按钮上的字符串。

setLabel（s）：将按钮的显示内容设为 s。

注意：处理按钮事件所需知识和文本框相同。

例 8.8：在原有按钮类的基础上，编写一个新按钮类，要求竖向显示文字（图 8.14）。

图 8.14　新按钮类

实现代码如下图 8.15 所示。

```java
import java.applet.*;
import java.awt.*;

public class myButton extends Applet
{
    vButton V;
    public void init()
    {   setLayout(null);
        V=new vButton();
        V.s="临时停课";
        add(V);
        V.setBounds(30,10,20,80);
    }
}


class vButton extends Button
{
    public String s;

    public void paint(Graphics g)
    {   for(int i=0;i<s.length();i++)
        g.drawString(s.substring(i,i+1),4,i*15+18);
    }
}
```

图 8.15　新按钮类程序代码

8.2.4　文本区

建立文本区的方法：

new TextArea（ ）：建立一个文本区。

new TextArea（s）：建立一个初始内容为字符串 s 的文本区。

new TextArea（x,y）：建立一个行数为 x、列数为 y 的文本区。

new TextArea（s,x,y）：建立一个初始内容为 s、行数为 x、列数为 y 的文本区。

new TextArea（s,x,y,b）：在上述基础上，进一步指定文本区是否带滚动条。b 值可以是四个整数之一：0: 两个、1: 仅有垂直滚动条、2: 仅有水平滚动、3: 无。如果没有 b 这一参数，则默认文本区带有两个滚动条。

操作文本区的常用方法：

getText（）：得到文本区中的字符串。

getSelectedText（）：得到鼠标选中的字符串。

setText（s）：将文本区中的字符串设为 s。

getCaretPosition（）：获得文本区内光标位置。

setCaretPosition（x）：指定文本区内光标位置为第 x 个字符。

append（s）：文本区中在原有文字后，追加文本 s。

insert（s,x）：文本区中在指定位置 x 处，插入文本 s。

replace（s,x,y）：文本区中 x 至 y 处的文本替换为 s。

文本区的接口使用的是 TextListener。

文本区的接口方法为：public void textValueChanged（TextEvent e）

允许得到文本区事件的方法为：addTextListener（Listener）

禁止得到文本区事件的方法为：removeTextListener（Listener）

8.2.5 选择框

建立选择框的方法：

new Checkbox（）：建立一个方形选择框。

new Checkbox（s）：建立一个标题为字符串 s 的方形选择框。

new Checkbox（s,b）：建立一标题为字符串 s、初始状态为 b（b 只能是 true/false）的方形选择框。

new Checkbox（s,b,g）：建立一个标题为 s、初始状态为 b、且属于组 g 的圆点形单选框。

单选框，即一组选项中，只有一个可以被选中。比如性别选项有两个"男""女"只能选择其一。与单选框相反，人们习惯上将方形选择框叫复选框。

一个窗口上可能有多个选择框，比如一个调查表窗口，"喜爱的运动"一项需要使用多个选择框供用户选择一项或多项，"到过的省会"也需要多个选择框。两群选择可以通过选择框名区分。例如一群选择框可以命名为 sport1、sport2、sport3、sport4，另一群为 city1、city2……

图 8.16 为一个既有单选框又有多选框的 Java Applet。

图 8.16　既有单选框又有多选框的 Java Applet 界面

操作选择框的常用方法：

getLabel（　）：得到选择框的标识文字。

setLabel（s）：设置选择框中的标识文字。

getState（　）：得到选择框的是否处于被选中状态（true/False）。

getCurrent（　）：得到某组单选框中正处于被选中状态的单选框名。

选择框的接口使用的是 ItemListener。

选择框的接口方法为 public void itemStateChanged（ItemEvent e）

允许得到选择框事件的方法为：addItemListener（Listener）

禁止得到选择框事件的方法为：removeItemListener（Listener）

◆ 例 8.9：编写一个 Java Applet，要求实现图 8.15 所示的界面，并且要求在单击某个性别选项后，能在标签中给出明确的反馈信息。

实现代码如图 8.17 所示。

```java
import java.applet.*;      import java.awt.*;      import java.awt.event.*;
//---------------------------------------------------------------------
public class checkTest extends Applet implements ItemListener
{
  Checkbox s1=new Checkbox("足球");      Checkbox c1=new Checkbox("北京");
  Checkbox s2=new Checkbox("乒乓");      Checkbox c2=new Checkbox("上海");
  Checkbox s3=new Checkbox("游泳");      Checkbox c3=new Checkbox("广州");
  Checkbox s4=new Checkbox("下棋");      Label msg=new Label("请您选择");

  CheckboxGroup sex=new CheckboxGroup(); //新建一选项组
  Checkbox A=new Checkbox("男",true, sex);      //默认性别选项为男
  Checkbox B=new Checkbox("女",false,sex);

  public void init()
  { setLayout(null);
    add(s1); s1.setBounds(10,10,40,20);  add(c1); c1.setBounds(70,10,40,20);
    add(s2); s2.setBounds(10,30,40,20);  add(c2); c2.setBounds(70,30,40,20);
    add(s3); s3.setBounds(10,50,40,20);  add(c3); c3.setBounds(70,50,40,20);
    add(s4); s4.setBounds(10,70,40,20);

    add(A); A.setBounds(130,10,40,20);   A.addItemListener(this);//添加对事件
    add(B); B.setBounds(130,30,40,20);   B.addItemListener(this);//监听的能力

    add(msg); msg.setBounds(130,70,100,20);      //用标签作消息框
  public void itemStateChanged(ItemEvent e)
  { if (e.getItemSelectable()==A) msg.setText("您是位先生");
    if (e.getItemSelectable()==B) msg.setText("您是名小姐");
  }
}
```

图 8.17　具有反馈信息的程序实现代码

8.2.6　下拉式选择框

在 Windows 中，下拉式选择框被称为复合框。建立下拉式选择框的方法：

new Choice（ ）：建立一个下拉式选择框。

操作下拉式选择框的常用方法：

add（s）：为下拉式选择框增加一条选项 s。

insert（s,x）：在第 x 位置处，插入一条选项 s。

remove（x）：删除第 x 条选项。

removeAll（ ）：删除所有选项。

getSelectedIndex（ ）：得到所选条目的顺序值。

getSelectedItem（ ）：得到所选条目的文字。

下拉式选择框的接口使用的是 ItemListener。

下拉式选择框的接口方法为：public void itemStateChanged（ ItemEvent e ）

允许得到下拉式选择框事件的方法为：addItemListener（Listener ）

禁止得到下拉式选择框事件的方法为：removeItemListener（Listener ）

8.2.7　列表框

列表框和下拉式选择框的区别在于列表框是展开的，它可以显示出多个选项。如果选项不能完全显示，则列表框会自动在右侧加上一个滚动条。

建立列表框的方法：

new List（ ）：建立一个列表框。

new List（n）：建立一个列表框，它有 n 行可见行。

new List（n,b）：建立一个列表框，它有 n 行可见行，b 值为 true/false，即是否允许用户选择多项。

操作列表框的常用方法和下拉式选择框相同。

列表框使用的是 ItemListener 接口。

列表框也可以使用 actionListener 接口。

◆例 8.10：新建一个实现了列表框的 Java Applet（图 8.18 ）。

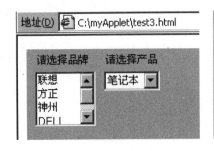

图 8.18　包含列表框的 Java Applet 界面

实现代码如 8.19 所示。

```
import java.applet.*;   import java.awt.*;      import java.awt.event.*;
//----------------------------------------------------------------------
public class seleTest extends Applet implements ItemListener
{
  Choice C=new Choice();
  List   L=new List();
  Label  M1=new Label("请选择品牌"),
         M2=new Label("请选择产品");
  public void init()
  { setLayout(null);
    L.add("联想");        C.add("笔记本");
    L.add("方正");        C.add("台式机");
    L.add("神州");        C.add("服务器");
    L.add("DELL");

    add(M1); M1.setBounds(10, 5,70,15);
    add(M2); M2.setBounds(90, 5,70,15);    //允许得到用户操作组件事件
    add(L);  L. setBounds(10,25,70,60);    L.addItemListener(this);
    add(C);  C.setLocation(90,25);         C.addItemListener(this);

  }
  public void itemStateChanged(ItemEvent e) //根据用户操作编程
  { if (e.getItemSelectable()==L) M1.setText(L.getSelectedItem());
    if (e.getItemSelectable()==C) M2.setText(C.getSelectedItem());
  }
}
```

图 8.19　包含列表框的 Java Applet 实现代码

8.2.8　窗口

小程序除了嵌在网页中外，还可以在网页打开时，单独以窗口的方式弹出。但窗口并不独立运行。当相关网页因浏览器关闭或跳转到其他网页而不复存在时，此 Java 窗口也会随之关闭。

建立窗口的方法：

Frame（）：建立一个窗口。Frame 是框架组件，一般用于建立窗口。

Frame（s）：建立一个窗口，窗口标题为 s。

操作窗口的方法有：

setBounds（）、setLocation（）、setSize（）、setBackground（）。这些前面已经介绍。

setIconImage（I）：将图片文件 I 设为窗口的图标。

setTitle（s）：设窗口标题为 s。

getTitle（）：得到窗口的标题。

setVisible（b）：设置窗口是否可见。b 值只能为 true/false。setResizable（b）：设置窗口是否可由用户调整大小。b 值只能为 true/false。

IsResizeable（）：得到窗口是否允许用户调整大小。

setState（st）：设置窗口的显示状态。窗口的状态值 st 只有两个 0 和 1：0 表示正常，也可写做 Frame.NORMAL，最大化状态下也是 0；1 表示最小化，也可以写做 Frame. ICONIFIED。

getState（）：得到窗口当前的状态。

例 8.11：新建一个 Java Applet，要求窗口内含一个文本框并且窗口可以关闭（图 8.20）。

```
import java.awt.*;import java.applet.*;import java.awt.event.*;

public class myWindow extends Applet
{    aWindow w;                    //声明一个窗口
    public void init()
    {    w=new aWindow();          //新建一个窗口实例
    }
}
//===========================================================
class aWindow extends Frame //新建一个窗口类
{
    aWindow()                     //方法名与类名重名，新建类实例时
    {                             //就会自动执行此方法。
        super("欢迎使用");    //指定窗体标题,此句必须在第一行
        setLayout(null);                         //窗体布局
        setBounds(200,200,300,150);              //窗体位置大小
        setVisible(true);                        //显示窗体

        TextField t=new TextField();             //向窗体内增加
        add(t); t.setBounds(100,50,60,20);       //一个文本框

        addWindowListener(new WindowAdapter()        //1
        {   public void windowClosing(WindowEvent e) //2
            { setVisible(false);                     //3
            }   //这五行是一句，其作用为用户          //4
        });     //单击窗体右上角的x时,隐藏当前窗口。   //5
    }
}
```

图 8.20　含有一个文本框并且可以被关闭的 Java Applet 实现代码

因为 aWindow 类是 Frame 的子类，所以 super 即是指 Frame。所以 super（"欢迎使用"）一句的作用是新建一窗口。因为后面的程序均以本句为前提，因此，这句程序一定要放在类的同名方法的第一句。

后面的 5 行是一句关闭窗口的语句。这是一种特殊类型的语句，是接口的一种方便形式。专业术语叫适配器。读者可以利用这一形式，方便地在应用程序中关闭窗口或在小程序中使窗口不可见。

如果将本程序中的 {setVisible（false）;} 程序块换成其他语句集，则可以实现其他功能，例如弹出一个对话框窗口、关闭自身但启动另一窗口。

适配器使开发者能够方便的编写某个对象上的某个事件发生后所要做的处理。适配器的定义包含在 Java.awt.event 中。适配器共有如下几类。

窗口适配器：WindowAdapter；

容器适配器：ContainerAdapter；

组件适配器：ComponentAdapter；

键盘适配器：KeyAdapter；

焦点适配器：FocusAdapter；

鼠标适配器：MouseAdapter；

鼠标运动适配器：MouseMotionAdapter。

双击网页文件，会发现窗口出现时，同时弹出了所要的窗口。嵌入网页的 Java 时程序画面依然存在，只不过由于在 HTML 文档中被指定大小为 0，因而看不到，如果有必要，也可以两者兼得。

图 8.21 所示的窗口和普通窗口的区别是它的底部多了一行消息框（Java Applet Window），令人有些不舒服。这是 Java 设计者故意制作的通知栏，它让用户知道目前出现的是 Java 小程序窗口，绝对安全，以此和那些可恶的（nasty）、带有欺骗性（trick）的程序区别开来。

图 8.21　有些特别的窗体界面

要想让这条消息不出现在窗口上，典型的做法是要求向注册表注册自己的小程序，以后用户用到这一窗口程序前，就会先出现一个"请信任 Java 小程序"的提示对话框，如果用户选择"是"，则出现不带提示的窗口。

8.2.9　菜单

菜单是窗口操作的重要组成部分。它位于窗口的标题栏的下方。菜单由菜单条、子菜单、菜单项三类组成。若干个菜单项组成一个子菜单，若干个子菜单构成菜单条。

建立菜单的方法：

MenuBar（ ）：建立一个菜单条。

Menu（s）：建立一个子菜单，子菜单文字为 s。

MenuItem（s）：建立一个菜单项，菜单项文字为 s。

Checkbox MenuItem（s）：建立一个带复选框的菜单项，菜单项文字为 s。

操作菜单的方法有：

add(m)：为某个菜单条或子菜单添加一条菜单项或子菜单。通过此方法可以建立二级、三级或更多级的菜单。菜单项是最后一级，它不能再包含任何菜单项。

addSeperator（）：在子菜单中增加一个菜单项分隔线。

insert（m,x）：在第 x 位置处插入一条菜单项或子菜单。

remove（x）：移除第 x 位置处的菜单项或子菜单。

removeAll（）：移除全部菜单项或子菜单。

getItem（x）：得到第 x 处的菜单。

getLabel（）：得到某菜单的文字。

getItemCount（）：得到所属条目总数。

setEnabled（b）：设置当前菜单项是否有效。

setShortcut（new MenuShortcut（KeyEvent.VK_X））：为子菜单或菜单项添加快捷键 Ctrl+X。其中的 VK_X 代表 Ctrl+X。

菜单的接口使用的是 ActionListener。

菜单的接口方法为：public void ActionPerformed（ActionEvent e）

允许得到菜单事件的方法为：addActionListener（Listener）

禁止得到菜单事件的方法为：removeActionListener（Listener）

例 8.12：新建一个类似写字板的 Java Applet。要求程序随网页一起弹出，窗口上包含一个菜单（图 8.22）。

图 8.22　类似写字板的 Java Applet 界面

实现代码如图 8.23 所示。

```java
import java.awt.*;import java.applet.*;import java.awt.event.*;
/*============================================================*/
public class myMenu extends Applet              //主程序
{   aWindow w;
    public void init(){ w=new aWindow(); }
} /*============================================================*/
class aWindow extends Frame implements ActionListener
{   MenuBar m; Menu m1,m2; MenuItem m11,m12,m13,m14,m21,m22;
    TextArea t;
    aWindow()
    {   super("写字板");                         //新建窗体
        setLayout(new GridLayout(1,1));          //窗体布局
        setBounds(300,200,200,150);              //窗体位置大小
        t=new TextArea();   add(t);              //添加文本区
        setVisible(true);                        //显示窗体

        m=new MenuBar();   //-------------------//新建菜单
        m1=new Menu("文件");          m2=new Menu("编辑");
        m11=new MenuItem("新建");     m21=new MenuItem("复制");
        m14=new MenuItem("关闭");     m22=new MenuItem("粘贴");
        m12=new MenuItem("打开");     m2.add(m21);
        m13=new MenuItem("保存");     m2.add(m22);
        m1.add(m11);
        m1.add(m12);
        m1.add(m13);
        m1.addSeparator();           //为菜单加分隔线
        m1.add(m14);
        m.add(m1);    m.add(m2);
        setMenuBar(m);
                                    //允许菜单对事件反应
        m11.addActionListener(this); m14.addActionListener(this);
    }
    public void actionPerformed(ActionEvent e)  //事件处理方法
    {   if (e.getSource()==m11)  t.setText("");
        if (e.getSource()==m14)  setVisible(false);
    }
} /*============================================================*/
```

```
<applet  code=myMenu.class height=0 width=0 > </applet>
```

图 8.23　类似写字板的 java Applet 实现代码

8.2.10　面板

面板（Panel）在程序中主要用于做容器。即可以将若干个组件放置在某个容器中作为一组组件，形成良好的布局。

另外，当容器位置改变时，其内的组件将随之改变。当容器被设为无效时，容器内的组件随之全部无效。当设容器不可见后，容器内的组件将全部随之不可见。

在复杂的界面程序设计时，面板经常被使用。

面板不象 Frame 一样单独使用，而是必须被添加到窗口或其他容器中。

例 8.13：改造例 8.12 程序，使之包含面板组件。

实现代码如图 8.24 所示。

```
import java.applet.*;     import java.awt.*;     import java.awt.event.*;
//---------------------------------------------------------------
public class panelTest extends Applet implements ActionListener
{
  Button bt=new Button("隐藏面板");
  Checkbox s1=new Checkbox("足球");     ScrollPane p0=new ScrollPane();
  Checkbox s2=new Checkbox("乒乓");     Panel p1=new Panel();
  Checkbox s3=new Checkbox("游泳");     Panel p2=new Panel();


  CheckboxGroup sex=new CheckboxGroup();        //新建一选项组
  Checkbox A=new Checkbox("男",true, sex);      //默认性别选项为男
  Checkbox B=new Checkbox("女",false,sex);

  public void init()
  {  setLayout(null);
     add(bt); bt.addActionListener(this);//添加对事件
     bt.setBounds( 90,10,60,20);
     p0.setBounds( 10,40,60,80);
//     p1.setBounds(10,10,20,80);
     p2.setBounds(170,40,40,60);
     p1.add(s1);    p2.add(A);
     p1.add(s2);    p2.add(B);
     p1.add(s3);
     //p0.setLayout(null); //p0.add(p1);
     add(p0);add(p2);
    }
  public void actionPerformed(ActionEvent e)
  {   if (bt.getLabel().equals("隐藏面板"))
        { p2.setVisible(false); bt.setLabel("显示面板");}
      else{ p2.setVisible(true ); bt.setLabel("隐藏面板");}
  }
}
```

图 8.24 使用面板组件的 Java Applet 实现代码

8.2.11 对话框

对话框（Dialog）是一种特殊窗口，它跃然也是一个完整的窗口，但从属、依赖于某个窗口。比如这个窗口最小化时或关闭时，对话框会消失；窗口还原时，对话框又会自动恢复。

对话框可以分为有模式和无模式两种，有模式即当对话框出现时，程序只对对话框反应，而父窗口此时不再响应用户的任何操作。无模式对话框出现后，父窗口仍然响应用户的各种操作。有模式对话框更常见。

建立对话框的方法：

Dialog（父窗口名）：创建一个从属于父窗体的无模式的对话框。

Dialog（父窗口名，标题）：创建一个从属于父窗体的指定标题的无模式的对话框。

Dialog（父窗口名，标题，模式）：创建一个从属于父窗体的、指定标题的对话框。

如果模式为 true，则是一个有模式窗体，如果为 false，则为无模式窗体。

操作窗体的方法：

getTitle（ ）：得到对话框的标题。

setTitle（标题）：设置对话框的标题。

show（ ）：显示对话框。

hide（ ）：隐藏对话框。

setResizable（true/false）：设置对话框是否允许调整大小。

isResizable（ ）：得到对话框是否允许调整大小。

setModal（true/false）：设置对话框的模式。

8.2.12　文件对话框

文件对话框是对话框的子类，是 Java 提供的一种现成的获取文件名的对话框。

建立一个文件对话框的方法为：

FileDialog（父窗口名 , 标题 , 模式）：创建一个从属于父窗体的、指定标题的对话框。

文件对话框的操作方法主要有：

getDirectory（ ）：得到文件所在文件夹字符串（含路径）。

setDirectory（包含路径的文件夹名）：指定对话框要打开的文件夹。

getFile（ ）：得到文件名。

setFile（文件名）：指定对话框的文件名。

setFilenameFilter（过滤字）：指定对话框要显示的的特定的文件类型。

◆ 例 8.14：新建一个使用了文件对话框组件的 Java Applet，其运行效果如图 8.25 的三幅图所示。

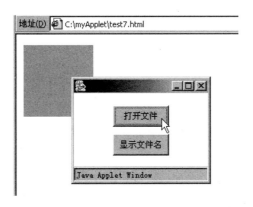

图 8.25（a）　窗口初始界面

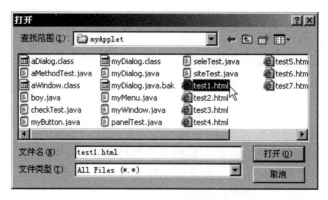

图 8.25（b） 单击"打开文件"按钮后打开的文件对话框

图 8.25（c） 单击"显示文件名"按钮后出现的对话框

实现代码如图 8.26 所示。

```
import java.awt.*;import java.applet.*;import java.awt.event.*;
//=======================================================================
public class myDialog extends Applet                    //主程序
{   public void init()  {  aWindow w=new aWindow(); }
}
//=======================================================================
class aWindow extends Frame implements ActionListener   //窗口类
{
  String s; Button b1,b2;   aDialog d;
  aWindow()
  { //窗体布局        //窗体位置大小                        //显示窗体
    setLayout(null); setBounds(300,200,200,150);  setVisible(true);
    b1=new Button("打开文件");        add(b1);        //新建两个按钮
    b2=new Button("显示文件名");      add(b2);
    b1.setBounds(60,40,80,30);                  //设定两个按钮大小和位置
    b2.setBounds(60,80,80,30);
    b1.addActionListener(this);                 //添加对事件反应能力
    b2.addActionListener(this);
  }
  public void actionPerformed(ActionEvent e) //事件处理程序
  { if (e.getSource()==b1)                //单击第一个按钮时,新建一文件对话框
    {  FileDialog fd=new FileDialog(this,"打开",FileDialog.LOAD);
       fd.setVisible(true);   s=fd.getFile(); //显示文件对话框,并获得所选文件名
    }                                     //单击第二个按钮时,显示提示对话框
    if (e.getSource()==b2)  {d=new aDialog(this, s);d.setVisible(true);}
  }
} //=======================================================================
class aDialog extends Dialog                              //对话框类
{ aDialog(Frame F,String s)
  { super(F,"提示");setLayout(null); setSize(200,150);      //新建一对话框
    Button B=new Button("OK");add(B); B.setBounds(40,80,80,30);  //添加一按钮
    Label  L=new Label();      add(L); L.setBounds(10,40,180,30); //添加一标签
    L.setText("您选的是:"+s);                        //在标签上显示所选文件名
  }
}
```

图 8.26 使用了文件对话框组件的 Java Applet 实现代码

该程序首先实现了 ActionListener 接口，然后重载了该接口的处理事件的方法 actionPerformed。

下面是所有的 AWT 事件及其相应的监听器接口，一共 10 类事件，11 个接口。需要牢牢记住。

表 8-2　常用接口表

接口名	方法	意义
ActionEvent	actionPerformed（ActionEvent）	激活组件
ItemListener	ItemStateChanged（ItemEvent e）	选择了某些项
MouseEvent	MouseMoved（MouseEvent e）	鼠标有移动
	MouseDragged（MouseEvent e）	拖动某个组件
MouseListener	MouseEntered（MouseEvent e）	鼠标已进入
	MouseExited（MouseEvent e）	鼠标已离开
	MousePressed（MouseEvent e）	鼠标已按下
	MouseReleased（MouseEvent e）	鼠标已放开
	MouseClicked（MouseEvent e）	鼠标单击完成
KeyListener	KeyPressed（KeyEvent e）	有键被按下
	KeyReleased（KeyEvent e）	键已被放开
	KeyTyped（KeyEvent e）	按键动作完成
FocusListener	FocusGained（FocusEvent e）	组件得到焦点
	FocusLost（FocusEvent e）	组件失去焦点
TextListener	TextValueChanged（TextEvent e）	文本框或文本区内容有变化
AdjustmentListener	AdjustmentValueChanged（AdjustmentEvent e）	滚动条被移动
ComponentListener	ComponentMoved（ComponentEvent e）	组件被移动
	ComponentHidden（ComponentEvent e）	组件被隐藏
	ComponentShown（ComponentEvent e）	组件被显示
	ComponentResized（ComponentEvent e）	组件被缩放
WindowListener	windowClosing（WindowEvent e）	窗口正在关闭
	windowOpened（WindowEvent e）	
	windowClosed（WindowEvent e）	
	windowActivated（WindowEvent e）	
	windowDeactivated（WindowEvent e）	窗口收到窗口级事件
	windowIconified（WindowEvent e）	
	windowDeiconified（WindowEvent e）	

8.2.13 弹出式菜单

弹出式菜单比下拉式菜单更方便快捷,是用户非常喜爱的操作方式。

创建弹出式菜单的方法为 PopMenu ( )。

显示弹出式菜单的方法为 show (组件名,水平坐标垂直坐标)。

例 8.15:新建一个实现了弹出式菜单的 Java Applet (图 8.27)。

图 8.27 实现了弹出式菜单的 Java Applet 界面

实现代码如图 8.28 所示。

```
import java.awt.*;import java.applet.*;import java.awt.event.*;
/*==========================================================*/
public class myPopMenu extends Applet           //主程序
{   public void init(){ aWindow w=new aWindow(); }
}
/*==========================================================*/
class aWindow extends Frame implements MouseListener
{   PopupMenu pm; MenuItem pm1,pm2,pm3;
    TextArea t;
    aWindow()
    {   super("写字板");                         //新建窗体
        setLayout(new GridLayout(1,1));          //窗体布局
        setBounds(300,200,200,150);              //窗体位置大小
        t=new TextArea();   add(t);              //添加文本区
        setVisible(true);                        //显示窗体

        pm1=new MenuItem("复制");      pm=new PopupMenu();
        pm2=new MenuItem("粘贴");      pm.add(pm1);
        pm3=new MenuItem("取消");      pm.add(pm2);
        pm.addSeparator();             pm.add(pm3);
        t.add(pm);
        t.addMouseListener(this);
    }
    //-------------------------------以下为重写鼠标接口方法
    public void mouseEntered (MouseEvent e){}
    public void mouseExited  (MouseEvent e){}
    public void mousePressed (MouseEvent e)
    { //如果用户按了鼠标右键,则弹出菜单,在鼠标当前位置处。
        if (e.getModifiers()==4) pm.show(t,e.getX(),e.getY());
    } //鼠标左键值为16,右键值为4。
    public void mouseReleased(MouseEvent e){}
    public void mouseClicked (MouseEvent e){}
}
```

图 8.28 使用了弹出菜单的小程序实现代码

通过这一程序，也可以看出关于鼠标的几个常用的方法：

getX（）：得到鼠标当前水平位置。

getY（）：得到鼠标当前垂直位置。

getModifiers（）：获知按下的是鼠标的哪个键。

getsource（）：得到发生鼠标事件的源（窗口或某个组件）。

第 9 章 多线程控制

9.1 什么是线程

一个正在运行的程序叫进程。有时，一个进程可以细分为若干可并行执行的部分，每一部分有一个子任务，或者说按某一个线索执行，则称每个部分为一个线程。多线程是指可以将一个进程分为多个线程，并且多个线程可同时运行。

多线程的例子举不胜举。比如常见的 VCD 播放程序可以边放音乐边显示视频，财务程序可以边记账边核算昨天的账务，动画显示时多个元件在同时运动，网上聊天程序更是需要同时处理多个通信任务。

实际上，计算机在任何时刻只能执行某一个线程。所谓多线程，实际上是计算机在高速轮换执行多个线程，只是在外部给人以多个线程正在同步执行的感觉。

由于多线程可以在同一个时间段内执行多个子任务，充分利用了计算机的空闲设备和空闲时间，因此，这项技术可以显著提高计算机的利用率和人的工作效率，并且更符合社会现实。

为了进一步挖掘计算机的潜力，人们还发明了超线程技术（HT-Hyper Thread），即将一个线程再细分为若干更小的线程。

Java 内置对多线程的支持。其线程调度依据为：优先级高者先执行、同级线程先到先执行。Java 的优先级数由两个数确定，其中 Thread.MIN_PRIORITY 代表为 1，Thread.MAX_PRIORITY 代表为 10，因此，Java 默认线程优先级数为 5。但这两个值可以修改。

只有一个线索的进程则称为单线程进程。

9.2 线程的五种状态

线程有五种状态，其相互转换关系如图 9.1 所示。

（1）创建（New Thread）

新建一个线程。这时它只是一个获得任何运行资源的空的线程对象。

（2）可运行状态（Runable）

又称为就绪状态。系统为这个线程分配了所需的资源、将其放入准备运行的队列，随时准备转入运行状态。

（3）运行（Running）

该线程占有 CPU，线程代码处于执行中。

（4）不可运行（Not Runnable）

由于某种原因（如输入输出、等待消息）导致本线程无法继续向下执行，只能暂时转入一种等待状态。又称为阻塞状态。这时，即使处理器空闲，也不能执行该线程，而需要等待某种条件满足后，才能转入可运行队列。

（5）死亡（Dead）

当线程运行结束时，此线程自然撤销；或整个应用程序被停止时（例如该网页被关闭、停止或转到其他网页），该线程会被终止。

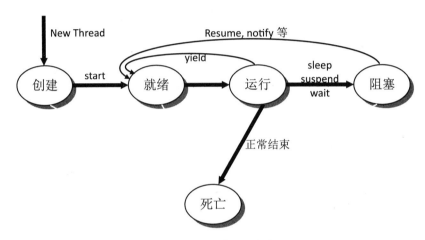

图 9.1　线程的五种状态

9.3　线程有关方法

（1）创建一个线程的方法

有两种方法：一是利用 extends 编写一个线程（thread）的子类；二是利用 implements 实现 runnable 接口。

（2）定义线程的方法

通过重写 Thread 类的 run（）方法，将线程要实现的功能通过程序写出。

（3）其他线程操作方法

① start（）：启动线程的方法。

② sleep（X）：暂停线程的方法。将执行权暂交出若干毫秒，为其他线程提供运行机会，间隔时间一到，立即进入运行状态。

③ suspend（）：暂停线程执行，直到遇到 resume（）方法，才会进入运行状态。

④ wait（）等待，直到 notify（）事件发生。

⑤ yield（）：放弃执行权，回到等待状态。

⑥ currentThread（）：得到当前正在运行的线程名。

⑦ isAlive（ ）：线程是否处于活动期（开始至死亡间的三状态之一）。

⑧ activeCount（ ）当前活动线程总数。

⑨ stop（ ）：停止线程的运行。

⑩ getPriority（ ）：得到线程的优先级数。

⑪ setPriority（n）：指定线程的优先级数为 n（默认一个线程的优先级数为 5）。

9.4　多线程应用示例

例 9.1：现在一般火车车箱内都配有一个电子显示牌（见图 9.2），假设显示牌的功能为一边动态显示当前时间，一边显示一行滚动文字"欢迎乘坐本次列车"，请利用继承编写两个线程子类，以模拟实现显示牌的功能。

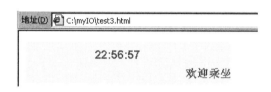

图 9.2　电子显示牌程序界面

具体程序如图 9.3 所示。

```
import java.awt.*;import java.applet.*;  import java.util.*;
public class myThread extends Applet
{    static Label L1=new Label(),L2=new Label("欢迎乘坐本次列车");
     //=============================================================
     public void init()
     {    setBackground(new Color(0,0,0));              //窗口底色
          setForeground(new Color(0,255,128));          //图文颜色
          setFont(new Font("宋体",Font.BOLD,16));        //设置字体
          setLayout(null);
          add(L1);L1.setBounds(100,10,80,16);           //添加标签
          add(L2);L2.setBounds(300,30,180,16);
          clock c=new clock(); c.start();               //启动线程
          words w=new words(); w.start();
     }
}
//=============================================================
class clock extends Thread                              //创建线程子类
{    public void run()
     {    while (true)
          {    String s=(new Date()).toString();         //得到当前时间
               s=s.substring(11,19);                     //只取时分秒部分
               myThread.L1.setText(s);                   //时间做标签文字
               try{clock.sleep(1000);} catch(InterruptedException e1){}
     }    }    }                                         //每间隔1秒执行一次
//=============================================================
class words extends Thread
{    public void run()
     {    int x=300;                                     //动态标签起始位置
          while(true)
          {    x=x-1; if(x<-200) x=300;                  //计算动态标签位置
               myThread.L2.setLocation(x,30);            //重新设置标签位置
               try{words.sleep(30);} catch(InterruptedException e1){}
     }    }    }                                         //每隔30毫秒改变一次
```

图 9.3　电子显示牌程序

程序分析:

本程序创建了两个 Thread 子类: clock 子类和 words 子类。每个子类中重写了 run 方法。在此方法中,通过无限循环,每间隔(sleep)一定毫秒数反复执行循环内的语句。于是,在主类中,当这两个线程被创建(new)并激活(start)后,两个线程就开始根据各自的程序,分别执行,直到网页被关闭。

在下面一节中,本书将给出使用 runable 实现线程的示例。

9.5 线程同步

如果几个线程需要使用同一资源,例如同时需要读写一个数据时,如果不加以控制,就有可能出错。

比如库存问题,某种商品在服务器上的库存数原来为 10 件,后来在一个客户机 C1 上售出了两件,另一个客户机 C2 进货了两件,因此,库存中最后还应剩 10 件。但在实际运行时,不同的读写顺序,结果会大相径庭:

(1)C1 读出 àC1 写入 àC2 读出 àC2 写入,则结果为 10,正确。

(2)C1 读出 àC2 读出 àC1 写入 àC2 写入,则结果为 12,错误。

(3)C1 读出 àC2 读出 àC2 写入 àC1 写入,则结果为 8,错误。

(4)C2 读出 àC2 写入 àC1 读出 àC1 写入,则结果为 10,正确。

(5)C2 读出 àC1 读出 àC2 写入 àC1 写入,则结果为 8,错误。

(6)C2 读出 àC1 读出 àC1 写入 àC2 写入,则结果为 12,错误。

上述问题是一个典型的"生产者—消费者"问题。这类问题在火车售票、银行存款、商场供销程序中很常见。

由上可见,线程虽然可以并行运行,但如果存在资源冲突,则有可能出现异常。为了避免这类情况发生,需要使用线程同步的控制方法。所谓同步,即在关键时刻,只允许某一个线程执行某个有可能产生异常的任务。这一段任务叫管程,它用同步词 synchronized 修饰。

在多线程程序设计中,将程序中那些不能被多个线程并发执行的代码段称为临界区,同步保证了当某个线程已在临界区时,其他的线程就不允许再进入临界区。

◈ 例 9.2:编写一个程序,超市有 3 瓶醋,第一个人买了 1 瓶,第二个人买了 2 瓶,买完后基本上同时分别到两个收款台前结账,第一个人结账需要用 1 秒,第二个人结账需要用 2 秒,请显示最后剩余数(见图 9.4)。

图 9.4　库存显示程序界面

具体实现程序如图 9.5 所示。

```
import java.awt.*;import java.applet.*;  import java.util.*;
public class sThread extends Applet implements Runnable
{    int x=3;                                //物品总数
     Thread A=new Thread(this);             //第一个人
     Thread B=new Thread(this);             //第二个人
     //===========================================================
     public void init()
     {    setFont(new Font("黑体",Font.PLAIN,20));
          A.start(); B.start();             //启动两个线程
     }
     public void paint(Graphics g)
     {    g.drawString("最后库存数为:"+x,40,40);//输出库存结果
     }//===========================================================
     public synchronized void run()
     {  if (Thread.currentThread()==A)       //线程A
        {    int y=x;                        //读入库存
             try{A.sleep(1000);} catch(InterruptedException e1){}
             x=y-1;                          //改写库存
             repaint();                      //输出结果
        }
        else if (Thread.currentThread()==B)  //线程B
        {    int z=x;                        //读入库存
             try{B.sleep(2000);} catch(InterruptedException e1){}
             x=z-2;                          //改写库存
             repaint();                      //输出结果
}    }    }
```

图 9.5　库存显示程序

程序运行时，可以看到网页的小程序画面中先显示库存结果数 3，一秒钟后改为 2，再 2 秒钟后改 0，即程序总共用时 3 秒钟，最后的库存数为 0。由此可见，线程同步实际上是将核心程序由多线程并行执行改为单线程顺序执行，这样才能保证同步（读写一致）。如果去掉程序中的 synchronized 一词，再编译运行，结果程序在约 2 秒钟后显示最后结果为 1，程序出错。

在业务量较大的多线程程序中，核心程序一般要尽量短小和占用时间短，因此，它往往是一个独立的同步方法。在运行程序中应像调用 repain（）方法一样调用此方法。

9.6 线程等待

有时当线程进入同步方法后，经判断共享变量并不满足运行条件，这时可以在同步方法中使用。

有若干生产者和若干消费者，生产者们不断向库存添加某种产品，消费者们不断向库存中取走这种产品。因此，这是一个典型的共享数据问题，需要使用多线程同步技术。

但比一般同步问题复杂的是，并不是任何时候都可以取走产品，前提是库存必须大于等于本次消费数。因此，在取产品之前，先要判断，如果不满足条件，则需使用 wait（）方法，使本线程进入等待状态，等后面的线程运行完毕，再用 notify（）方法通知第一个或用 notifyAll（）方法通知所有等待的线程，解除等待，再次试运行。

例 9.3：编写一个消费者与生产者的模拟多线程程序，要求能通过屏幕显示，观察到线程及库存状态（见图 9.6）。

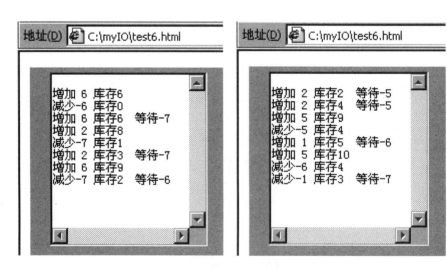

图 9.6　库存状态变化显示程序界面

参考程序如图 9.7 所示。

```java
import java.awt.*;import java.applet.*;  import java.util.*;
public class waitThread extends Applet implements Runnable
{   int s=0;                                        //库存
    Thread A=new Thread(this);                      //生产者
    Thread B=new Thread(this);                      //消费者
    static TextArea text=new TextArea(10,20);
    public void init()  { add(text); A.start(); B.start();}
    //=======================================================
    public void run()
    {  for (int i=0;i<5;i++)                         //循环5次
       {  if (Thread.currentThread()==A)
          { int x=(int)(Math.random()*6+1);   //得到一个1~6的整数
            inOut(x);                               //增加库存
            try{A.sleep(1000);} catch(InterruptedException e1){}
          }
          else if (Thread.currentThread()==B)
          { int x=(int)(Math.random()*10+1);//得到一个1~10的整数
            inOut( x*-1);                           //减少库存
            try{B.sleep(1000);} catch(InterruptedException e1){}
    } } }
    //=======================================================
    public synchronized void inOut(int x)
    {   if (x>0)            //如果是增加库存，则
        {   s=s+x;          //直接相加，无须判断
            waitThread.text.append("\n增加 "+x+" 库存"+s);
        }
        else               //如果是减少库存
        {   while(s+x<0)   //则当库存不够支出的时候，总
            {   text.append("  等待"+x);                 //提示且等待
                try{wait();} catch(InterruptedException e){}
            }
            s=s+x;           //直到库存够支出，才减少库存
            text.append("\n减少"+x+" 库存"+s);
        }
        notifyAll();
    }
}
```

图 9.7　库存状态变化显示程序

◆ 例 9.4：修改例 6.2 所示的程序，修改要求为，将库存变动部分单独编写为一个库存类，通过这个类，实现多线程同步与等待。

参考程序如图 9.8 所示。

```
import java.awt.*;import java.applet.*;   import java.util.*;
public class waitThread extends Applet implements Runnable
{   stock s=new stock();                            //库存类
    Thread A=new Thread(this);                      //生产者
    Thread B=new Thread(this);                      //消费者
    static TextArea text=new TextArea(10,20);
    public void init()  { add(text); A.start(); B.start(); }
    //=========================================================
    public void run()
    {   for (int i=0;i<5;i++)                        //循环5次
      {   if (Thread.currentThread()==A)
        {   int x=(int)(Math.random()*6+1);     //得到一个1~6的整数
            s.inOut(x);                             //增加库存
            try{A.sleep(1000);} catch(InterruptedException e1){}
        }
        else if (Thread.currentThread()==B)         //消费
        {   int x=(int)(Math.random()*10+1);//得到一个1~10的整数
            s.inOut( x*-1);                         //减少库存
            try{B.sleep(1000);} catch(InterruptedException e1){}
}   }   } }
    //=========================================================
class stock
{   int s;
    public synchronized void inOut(int x)
    {   if (x>0)                     //如果是增加库存，则
        {   s=s+x;                   //直接相加，无须判断
            waitThread.text.append("\n增加 "+x+" 库存"+s);
        }
        else                         //如果是减少库存
        {   while(s+x<0)             //则当库存不够支出的时候，总
            {   waitThread.text.append("  等待"+x);   //提示且等待
                try{wait();} catch(InterruptedException e){}
            }
            s=s+x;                   //直到库存够支出，才减少库存
            waitThread.text.append("\n减少"+x+" 库存"+s);
        }
        notifyAll();
}   }
```

图 9.8   库存类程序及主程序

9.7   线程死锁

假定 M 国要做竞选发言，发言需要一张桌子和一个无线话筒，两名竞选者争相上台，结果一个候选人抢先站在了桌子前面，而另一个候选人此时把话筒抢在了手里，互不相让，结果形成了僵持局面，如果不加调解，则竞选发言永远不可能继续。

对于计算机程序而言，在复杂的多线程程序中，有时也可能会出现上述情况。具体表现为：两个线程 T1、T2 和两个需同步共享的数据对象 A、B，在某一时刻，线程 T1 获得了 A 的操作权，但它还需要同时使用 B，才能完成操作。但这时，T2 已获得了 B 的操作权，准备获得对 A 的操作权，这时就会出现僵持局面，永远无法继续，形成死锁。

Java 本身既不能发现死锁也不能避免死锁，只能靠程序自己编程时注意。避免死锁的有效方法是，如果多个对象需要互斥访问，则应确定线程获得对象的一个顺序，并保证贯

穿整个程序，这样就会形成一个得到高级别共享对象操作权的线程，有权申请操作低级别对象的操作权，且一定不存在由低向高申请同步的程序代码。

实际程序开发过程中，死锁不可避免时，基本的解决策略是通过其他线程不断检测是否有死锁发生，根据实际情况，强制某些进程释放资源，以达到总体可运行目的。由于此部分属于高级知识，故不在此介绍。

多线程是 Java 程序员考试必考知识点。

第 10 章　网络编程

确切地说，网络编程已超出学习 Java 语言本身的范围，也不属于 Java 程序员考试内容，因此，本章仅为参考阅读内容，并且没有给出这方面的习题。

常见的网络编程有三种：本地网络程序、Applet 程序、JSP 程序。

10.1　编写本地网络程序

本地网络程序，即以程序而非网页形式运行的程序。或者说是借助个人电脑等设备以及 Java 运行平台运行的程序。这种程序中一定有一个类中包含 main 方法。

◇ 例 10.1：编写一程序：得到某些网站的 IP 地址。

程序运行结果见图 10.1，具体程序见图 10.2。

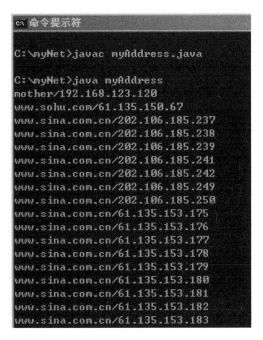

图 10.1　程序运行参考结果

在本地网络程序的编写中，InetAddress 类的一些常用的方法在网络编程中是很重要的，比如：

.getHostAddress（ ）：得到本机的 IP 地址，地址将放在一个字节数组中。

.getHostName（ ）：得到本机的名称。

.geByAddress（ ）：得到某个网址的 IP 地址。

.getByName（ ）：得到某个网址的 IP 地址。

.getAllByName（ ）：得到某个网址的所有 IP 地址。

.toString（ ）将地址转为字符串。

```
import java.net.*;
public class myAddress
{    public static void main(String args[]) throws UnknownHostException
    {
        InetAddress   A=    InetAddress.getLocalHost();
        InetAddress   B=    InetAddress.getByName("www.sohu.com");
        InetAddress   C[]= InetAddress.getAllByName("www.sina.com.cn");

        System.out.println(A);
        System.out.println(B);
        for(int i=0;i<C.length;i++)
        {   System.out.println(C[i]);
        }
    }
}
```

图 10.2   得到本机／搜狐网／新浪网的 IP 地址的程序

例 10.2：编写一程序，得到网上某个有确定 URL 的文件的相关信息。

程序运行结果见图 10.3，具体程序见图 10.4。在本程序中，使用了另一个本地网络编程的重要类 URL。

图 10.3   显示互联网上某个网页有关信息

```
import java.net.*; import java.io.*;  import java.util.*;
public class myGetHtml
{
    public static void main(String args[]) throws UnknownHostException
    {   try
        { URL U=new URL("http://www.163.com/index.html");
          System.out.println("文件名   "+U.getFile());
          System.out.println("文件路径"+U.getPath());
          System.out.println("主机名   "+U.getHost());
          System.out.println("端口号   "+U.getPort());

          URLConnection UC=U.openConnection();

          long d1=UC.getDate();                    //得到连接时间
          long d2=UC.getLastModified();            //得到网页更新时间
          int len=UC.getContentLength();           //得到网页文件大小

          if (d1!=0) System.out.println(new Date(d1));       //打印连接时间
          if (d2!=0) System.out.println(new Date(d2));       //打印网页更新时间
          if (len!=0) System.out.println("文件大小" +len);   //打印网页文件大小

          /* if (len!=0)                            //打印网页文件内容
          {   int c=0;
              InputStream I=UC.getInputStream();    //由于网页文件太长
              while((c=I.read())!=-1)               //故作了注释，以利
              System.out.print((char) c);           //于看清其它内容
              I.close();
          } */
        } catch(Exception e){}
    }
}
```

图 10.4　显示互联网上某个网页有关信息的程序

URL.GetProtocol（ ）：得到协议。

URL.getDefaultPort（ ）：得到缺省的端口号。

URL.GetHost（ ）：得到主机名。

URL.getAddress（ ）：得到 IP 地址。

URL.GetPath（ ）得到指定资源的文件目录和文件名。

URL.GetFile（ ）：得到指定资源的完整的文件名。

URL.toString（ ）：地址转换为字符串。

10.2　编写 Applet 程序

　　Java 小程序（Applet），曾经在互联网刚刚兴起时红极一时，但现在几乎已经消失，如此迅速地取而代之的是 Flash。Flash 制作简单、执行效率高，功能丰富，尤其擅长图像处理，令 applet 自愧不如，即使现在，SUN 公司也没有拿出什么有效的拯救 Applet 的措施。

　　由此也可以看出，Java 的领地不在图形图像处理方面。

　　但有时也还需要 Java 做一些简单的显示图片类的工作。而做到这一点 Java 的 Applet 还是很容易实现的。

例 10.3：编写一 Applet 程序，显示当前目录中的一幅图片（图 10.5）。

```
import java.awt.*;import java.applet.*;
public class picShow extends Applet
{   Image img;      //声明一个图像变量
    public void init()
    {   //  得到  程序所在位置  的指定图片文件
        img=getImage(getCodeBase(),"acouple.jpg");
    }
    public void paint(Graphics g)
    {   //绘制指定图片,按指定位置大小,在小程序中
        g.drawImage(img,1,1,120,160,this);
    }
}
```

地址(D) C:\myIO\test1.html

```
<applet  code=picShow.class width=120 height=160> </applet>
```

图 10.5　显示图片的 Applet 程序

由例 10.3 可知：绘图语法为：

g.drawImage（图像文件，水平位置，垂直位置，图像宽度，图像高度，容器名）

其中的图像宽度、高度可以被省略。另外，如果指定的图片大小和图片实际大小不符，则程序会按指定大小对图像进行缩放。

为了使图像在缩放时不会变形，可以使用如 getWidth（）和 getHeight（）方法得到图片的原始大小，再乘以相应的缩放比例。例如，在例中，原来的图片大小为 480×640，要将其显示为原图片的 1/4，即 120×160，可以利用上述两个方法，把程序中的 120 和 160 分别被替换为 img.getWidth（this）*1/4 和 img.getHeight（this）*1/4。

```
g.drawImage(img,1,1,img.getWidth(this)/4,img.getHeight(this)/4,this);
```

例 10.4: 修改图 10.5 所示程序，当网页出现时，显示一个由小到大出现的图片（图 10.6）。

```
import java.awt.*;import java.applet.*;
public class picShow2 extends Applet
{ Image img;                          //声明一个图像变量
  public void init()                  //得到程序所在位置的指定图片文件
  { img=getImage(getCodeBase(),"acouple.jpg");
  }
  public void paint(Graphics g)  //通过循环,显示一个由小到大的图像。
  { for(int i=1;i<=100;i++)                      //循环100次
    { g.drawImage(img,1,1,(int)(i*1.2),(int)(i*1.6),this);   //逐次使图像变大
      try{Thread.sleep(10);} catch(InterruptedException e1){}//每次间隔10毫秒
    }
  }
}
```

图 10.6　能动态显示图片的小程序

程序分析：

（1）要实现图片由小到大，需要使用循环，通过每次循环时图片宽度和高度的变化，实现图片的动态连续显示。

本程序的运行效果是图片以左上角为固定点整个图片向右下逐渐扩大。如果再对图片的位置加以调整，就可以实现图片由心向外扩大的效果。

（2）要实现图片的动态过程，需要控制每次循环的间隔时间。控制时间的语句为 Thread.sleep（10）。它使用了线程的有关功能。

（3）为了防止程序因线程出错而异常终止，程序中还使用了 try……catch 结构。

例 10.7：设计一个 Applet 程序，访问并显示本机主页上的 Tomcat 图标（图 10.7）。具体程序见图 10.8。

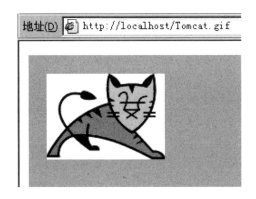

图 10.7　本机上的 Tomcat 图标

```
import java.applet.*;     import java.awt.*;
import java.awt.event.*; import java.net.*;

public class myNetImage extends Applet
{   Image img=null;                              //定义一个图片
    String S="http://localhost/tomcat.gif";   //定义一个图片位置字符串

    public void init()
    {   try{img=getImage(new URL(S));}           //试获取图片
        catch(Exception e)                       //如果通到意外
        {   Label L=new Label("无法得到此图片");//通过标签
            L.setBounds(60,20,40,80);add(L);      //显示意外信息
        }
    }
    public void paint(Graphics g)     //显示图片方法
    {   g.drawImage(img,20,20,this);  //如果没有得到图片,则画一空图
    }
}
```

图 10.8　获得本机上的 Tomcat 图标的程序

出于安全考虑，Java 小程序只能完全访问本机或小程序所在服务器的权力。不能访问非本网站的任何文件、任何程序、任何信息。

本地网络程序则无此限制。

Java 能够播放 Windows 下流行的 ".wav" 和 ".mid" 格式的文件以及 ".au" ".aif" ".rfm" 等格式的文件，但要播放网上最流行的 mp3 及 rm 格式的文件，还需要从网上下载 JavaSound SPI 插件（类库）。

例 10.8：设计一个播放音乐的 Applet 程序。

具体实现步骤为：

（1）先将音乐文件放在自己网站的根目录。例如：将一个名为 mid.mid 的音乐文件放在 C:\Program Files\Apache Software Foundation\Tomcat 5.0\webapps\ROOT 内（见图 10.9）。

图 10.9　将音乐文件放入本地网站的根目录

（2）编写 Java 小应用程序（图 10.10）。

```
import java.applet.*; import java.awt.*;   import java.net.*;
public class mySound3 extends Applet
{   AudioClip A;   URL U;   //定义一个声音变量和一个网址变量
    public void init()       //程序启动时
    {   try                   //尝试与网址建立联系
        {  U=new URL("http://localhost/mid.mid");
        } catch(Exception e){}
        A=getAudioClip(U); //获得声音数据
        A.loop();             //循环播放
    }
    public void stop()
    {   A.stop();
    }
}
```

图 10.10　音乐播放 Applet

（3）编译此程序

（4）在与此程序相同的文件位置建立一个网页文件，其内容为：

```
<applet code=mySound3.class> </applet>
```

图 10.11　运行 Applet 的网页内容

（5）双击此网页文件，启动浏览器，Applet 随之运行，即会播放相关音乐。

注意：Java 只能播放自己服务器上的音乐文件。

实际上，网页背景音乐可以不通过 Applet 实现。例如：图 10.12 为某个网页的源文件，在此图的倒数第二行，可以看到背景音乐播放语句。

```
</tr>
</table>
<!--Sji168.com-->
<head>
<meta http-equiv="Content-Type" content="text/html; charset=gb2312">
<style type="text/css">
<!--
td {font-size: 9pt;LINE-HEIGHT: 150%}
body {font-size: 9pt;LINE-HEIGHT: 150%}
select {font-size: 9pt}
A {text-decoration: none; color: #000000; font-size: 9pt}
A:hover {text-decoration: underline; color: #000000; font-size: 9pt}
-->
</style>
<bgsound src="http://www.sji168.com/school/mid.mid" loop="-1">
</HEAD>
```

图 10.12　播放背景音乐 HTML 代码实例

10.3　编写 JSP 程序

JSP 也是 Java 编程语言的一种，主要用于编写的动态网页。所编写的网页的扩展名为 JSP。

要掌握 JSP 编程，还需要在 Java 基本知识之上，专门学习大量使用 JSP 开发动态网页的知识。这里仅举一最简单的 JSP 编程示例。

例 10.9：编写一个显示当前日期及时间的 JSP 网页。

网页运行结果见图 10.13，具体程序见图 10.14。

图 10.13　显示当前日期及时间的 JSP 网页

```
<html>
<head> <title> 时间 </title> </head>
<body>

<%@ page import="java.util.Calendar" %>
<%Calendar c = Calendar.getInstance();
 int year   = c.get(Calendar.YEAR  );
 int month  = c.get(Calendar.MONTH )+1;
 int day    = c.get(Calendar.DATE  );
 int hour   = c.get(Calendar.HOUR_OF_DAY);
 int minute = c.get(Calendar.MINUTE);
 int second = c.get(Calendar.SECOND);
%>
<%="当前日期 "+year+"年"+month+"月"+day+"日"%>

<%="当前时间 "+hour+":"+minute+":"+second%>

</body>
</html>
```

图 10.14　显示当前日期及时间的 JSP 程序

由此程序可知：

JSP 页面由 HTML 代码和嵌入其中的 Java 代码所组成。其中 <% …… %>：用以标明其中为 JSP 语句。

＝常量或变量：它相当于 Out.println（常量或变量）；其作用是将常量或变量输出到屏幕。这一语句格式比较特殊，它要求等号必须紧随 <% 之后，两者之间不能有空格；另外，此句句尾不能有分号。

要运行此 JSP 程序，使浏览器内得到图 10.12 所示的结果，需要先将此 JSP 程序放在 C:\Program Files\Apache Software Foundation\Tomcat 5.0\webapps\ROOT 目录内，并且保证 Tomcat 程序已启动，才能在浏览器的地址栏内输入网址后，看到正确结果。

10.4　编写 JavaScript 程序

本书下面用 FrontPage 先设计一个普通的网页（图 10.15）。

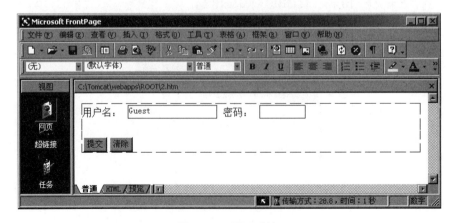

图 10.15　页面设计

设计窗口中，四周的虚线表示线内的所有控件组成一个表单（form），此表单中的项将在单击"提交"时，同时将变量上传至服务器，或单击"清除"按钮后，同时被清空。

可以通过查看其 HTML 代码（见图 10.16），更清楚地看出一个表单所包含的内容。它从 < form … > 一句开始，到 </form> 结束，其间的内容全部属于一个表单。

一个网页中可以包含多个表单。

本网页也可用 Dreamweaver 设计，如果使用记事本、JCreator 编写，也可以完成，但仅能使用这两种程序编写图 10.16 所示的源代码，无法直接看到图 10.15 所示的直观的设计结果。

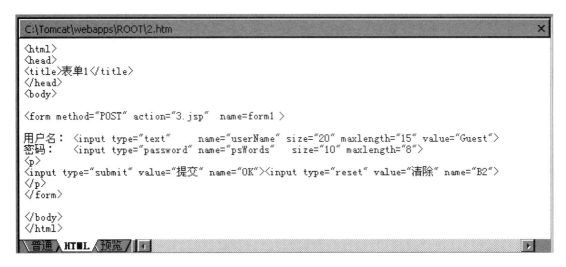

图 10.16　网页源代码

这是一个很常见的网页的一部分，这个网页的功能还不完善，例如还需要编写用户名和密码的检查功能（图 10.17）。

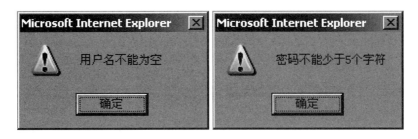

图 10.17　要实现的功能效果

要实现图 10.17 所示的效果，则需要使用 JavaScript 编程实现。编写 JavaScript 代码很容易，只需在网页的源代码中插入一段 JavaScript 代码，然后在表单中加入引用即可（见图 10.18）。

```
C:\Tomcat\webapps\ROOT\2.htm
<html>
<head>
<title>表单1</title>
<script language="JavaScript">
function isValid()
{
    if (form1.userName.value=="")
    {   alert("用户名不能为空");
        document.form1.userName.focus();
        return false;
    }
    if (form1.psWords.value.length < 5 )
    {   alert("密码不能少于5个字符");
        document.form1.psWords.focus();
        return false;
    }
}
</script>
</head>
<body>

<form method="POST" action="3.jsp"  name=form1 onSubmit="return isValid();">
```

图 10.18　程序代码

　　要学会 JavaScript 编程很容易，如果我们看到了某个网页功能很有创意，则可以先通过查看网页的源代码，查看此部分功能是否像上面的示例那样使用 JavaScript 实现的。如果是，则可以通过 "Copy" 将此部分代码据为己有，然后稍加修改即可，完全不用担心侵权。对所有的网页而言，JavaScript 代码是公开的，不存在版权之争。

第 11 章　综合案例

11.1　编写目的及程序介绍

本章综合案例从现实生活出发，定义了一个抽象的交通工具类、一个汽车类、一个奥迪车类和一个洒水车的接口，它们之间的关系如图 11.1 所示。

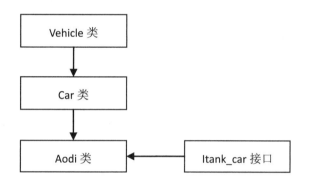

图 11.1　类间关系图

为了展示这些类的意义，本章定义了一个主类：Test 类，这个类在运行时，用户输入一个油量，程序即能计算汽车能跑多少千米。为了程序简洁，突出综合学习的重点，本章实例未考虑车速、路况等其他因素。

在这个综合案例中，运用了抽象类、接口、继承、多态、重写、重载、内部类、异常处理和类包等相关知识，以期尽量涵盖本书所有重点知识。

11.2　类

"类"（Class）是具有相同属性和行为的多个"对象"的一种统一描述，而"对象"则是"类"的一个实例。一个类的定义主要包括成员变量（属性）声明和成员方法定义两部分。

在本章综合案例中，首先应编写一个交通工具类（图 11.2）。

```
1   abstract class vehicle
2   {
3       int Wheels;
4       abstract void drive();
5       void start()
6       {
7           System.out.println("我要开动了！");
8       }
9       void useOil()
10      {
11          System.out.println("定义我是为了报告油耗");
12      }
13  }
```

图 11.2　交通工具类

作为交通工具，本案例中定义了轮子（wheels）属性和驾驶方法、发动方法和耗油三个方法。

11.3　抽象类和抽象方法

由于交通工具属于一种非常概括、非常抽象（abstract）、非常"虚无"的类，因此，图 11.3 将交通工具类定义为抽象类。

如果一个类中没有包含足够的信息来描绘一个具体的对象，这样的类就应定义为抽象类。抽象类的声明要加 abstract 描述。（图 11.3）

```
1   Abstract class Vehicle
2   {
3       //some code
4   }
```

图 11.3　抽象类结构

抽象方法就是只有方法名，却没有方法的实现，抽象方法的声明同样需要 abstract 描述。如果一个类中含有抽象方法，则这个类必须声明成抽象类。（图 11.4）

```
1   abstract class Vehicle
2   {
3       abstract void drive();
4       //some code here
5   }
```

图 11.4　抽象类中的抽象方法

一个类前面 abstract 限定符即为抽象类。抽象类中可以有抽象的方法，也可以没有抽象方法。

如果一个类继承了抽象类，那么这个类就必须实现抽象类的所有抽象方法，如果没有全部实现，那么这个类也必须被定义为抽象类。

一个抽象类中可以包含非抽象方法。如在图 11.1 中，就有一个非抽象方法 useOil。

11.4　继　承

在本案例中，交通工具类很不具体，作为应用程序，应再设计属性和方法更明确的类，这一过程被称之为扩展（extends）。为此，本案例在交通工具类的基础上，扩展出了一个 Car 子类，在 Car 子类基础上，又扩展出了一个 Aodi 子类。（图 11.5）

```
1  class Car extends vehicle
2  {
3      Wheels = 4;
4      String report(float oilNumber)
5      {
6          String s=oilNumber +"升油能跑"+ oilNumber*20 +"公里";
7          return s;
8      }
9  }
```

图 11.5　Car 子类

相对而言，被扩展的类称为"父类"，又称为"基类"。子类拥有父类所有的非私有属性和方法，因此说，子类对于父类而言存在"继承"（inheritance）关系。

可以通过图 11.6 验证继承关系。

```
1  class Test
2  {
3      public static void main(String args[]) throws IOException
4      {
5          Car sCar=new Car();
6          sCar.start();
7      }
8  }
```

图 11.6　方法继承测试

通过图 11.5 可以看出，虽然在 Car 在中并没有关于 star（）方法的定义，但由于 Car 类继承了 Vehicle 类，因此，Car 类实际上也拥有 start 方法，也就可以在图 11.6 中被调用。

11.5　重　载

重载（Overload），是指允许在一个类中，存在许多个同名方法，但同名方法的参数一定不能相同。例如在本案例中，可以修改 Car 类，在其中实现了两个 drive 方法（见图 11.7）。

```
1  class Car extends Vehicle
2  {
3      Wheels = 4;
       String report(float oilNumber)
4      {
5
6          String s=oilNumber +"升油能跑"+ oilNumber*20 +"公里";
7          return s;
8      }
9      void drive()
10     {
11         System.out.println("汽车父类的开车方法");
12     }
13     void drive(int speed)
14     {
15         System.out.println("汽车的速度是" + speed + "迈");
16     }
17 }
```

图 11.7　方法重载

这两个方法同名却不同参，在程序调用时（图 11.8），Java 会根据参数的对应关系找到相应的方法。

```
1  class Test
2  {
3      public static void main(String args[]) throws IOException
4      {
5          Car sCar=new Car();
6          sCar.drive();
7          sCar.drive(200);
8      }
9  }
```

图 11.8　调用重载方法

11.6　接　口

接口（Interface）是一种纯抽象类，类中一般不定义变量。类中不能包含任何已实现的方法，只包含抽象方法。

接口中的变量修饰符即使不写（一般也不写）也全部为 public static final。

接口中的方法修饰符即使不写（一般也不写）也全部为 public abstract。

使用接口时，需要注意以下两个问题：

（1）接口不能生成对象，只能被引用。

（2）在实现接口的类中，相应的方法必须标明 public。

（3）在实现接口的类中，所有方法全部要实现。

在本案例中，定义了一个洒水车接口 Itank_Car（图 11.9）。接口中定义了一个抽象的 watering（）方法。

```
1  interface Itank_Car
2  {
3      void watering();
4  }
```

图 11.9　接口定义

Aodi 类展示了接口的使用方法（图 11.10）。在这个类中，接口的 watering（）方法被重写为公共的非抽象的方法，从而实现了 Itank_Car 接口。

```
1  class Aodi extends Car implements Itank_Car
2  {
3      public void watering()
4      {
5          System.out.println("奥迪车也能洒水");
6      }
7  }
```

图 11.10　实现接口

11.7　重　写

重写（Override），即重新编写，是指在子类中对父类或接口中的某方法进行重新编写，其子类的该方法名、返回类型和参数均与父类相同，而方法的实现代码却不相同，结果是：父类中的代码被"替代"了、被"覆盖"了。从此以后，新编写的代码将起作用。

当然，如果非要执行父类中的"旧"代码、"旧"方法，还可以通过"super. 方法名"调用。

如果父类中的方法为 final 方法，则在子类中无法重写。

本案例的 Car 类重写了其父类 Vehicle 中的 drive 方法（图 11.11）。

```
1  abstract class Vehicle
2  {
3      abstract void drive();
4  }
5
6  class Car extends Vehicle
7  {
8      void drive()
9      {
10         System.out.println("汽车父类的开车方法");
11     }
12     void drive(int speed)
13     {
14         System.out.println("汽车的速度是" + speed + "迈");
15     }
16 }
```

图 11.11　方法重写示例

重载与重写是 Java 编程中比较重要又比较难懂的概念，需要彻底理解。

11.8　多　态

在本案例中，首先来看一个由重载实现的多态。在类 Car 中，本案例定义了两个 drive 方法（图 11.12）。

```
1   class Car extends Vehicle
2   {
3       void drive()
4       {
5           System.out.println("汽车父类的开车方法");
6       }
7       void drive(int speed)
8       {
9           System.out.println("汽车的速度是" + speed + "迈");
10      }
11  }
```

图 11.12　方法重载

在 Test 类中，定义了一个 Car 对象，并分别调用 drive 方法（图 11.13）。

```
1   class Test
2   {
3       public static void main(String args[]) throws IOException
4       {
5           Car sCar=new Car();
6           sCar.drive(200);
7           sCar.drive();
8       }
9   }
```

图 11.13　重载方法的调用

上面的代码会在控制台上输出结果（图 11.14）。

图 11.14　方法重载输出结果

接下来看一下由实例做参数实现的多态（图 11.15）。

```
1   abstract class Vehicle
2   {
3       void useOil()
4       {
5           System.out.println("Vehicle类油耗计算方法");
6       }
7   }
8
9   class Car extends Vehicle
10  {
11      void useOil()
12      {
13          System.out.println("Car类油耗计算方法");
14      }
15  }
16
17  class Aodi extends Car
18  {
19      void useOil()
20      {
21          System.out.println("Aodi类油耗计算方法");
22      }
23  }
24  //***************************************************
25  class Test
26  {
27      public static void main(String args[])
28      {
29          Vehicle a=new Car();
30          Vehicle b=new Aodi();
31          a.useOil();
32          b.useOil();
33      }
34  }
```

图 11.15　由重写实现的多态

上面的代码会在控制台上输出结果。（图 11.16）

图 11.16　由重写实现的多态的输出结果

实例多态即：父类 x=new 子类（）；在调用父类"x. 方法 y（…）"时，如果子类中重写或重载了方法 y，则运行子类中的方法 y，如果没有，则调用父类中的方法 y。如果父类中也没有，则出错。

11.9　异　常

即使程序代码完全正确，也会因程序运行时的各种情况出现程序不能正常运行，这称之为异常。Java 和异常处理相关的关键字有 5 个：try，catch，throw，throws 和 finally。

异常处理的原理为：把可能出现问题的代码被包含在一个 try 块内，如果在这个 try 块内出现了异常，处理代码就会捕获这个异常（使用catch语句），并在相应的方法中处理，从而保证了程序继续运行，而不至于突然非正常结束。

在本案例中异常处理块如下图 11.17 所示。

```
Class Test
{
    public static void main(String args[]) throws IOException
    {
        BufferedReader br=new BufferedReader(new InputStreamReader(System.in));
        boolean b=true;
        try
        {
            System.out.println("请输入一个油量：");
            String s=br.readLine();
            float i=Float.parseFloat(s);
            if(i<0)
            {
                System.out.println("不能输入负数吧！");
            }
            else
            {
                Car c=new Car();System.out.println(c.gongli(i));
                Aodi add=new Aodi();System.out.println(add.gongli(i));
                b=false;
            }
        }
        catch(Exception e)
        {
            System.out.println("\n只能输入数字。\n ");
        }
    }
}
```

图 11.17　异常

在图 11.17 中，程序开始时会提示用户输入一个油量。根据用户输入的参数的不同，程序相应的处理方式也不同。

如果用户输入的是一个正数，例如 123.5 之类，那么程序会输出 Car 能跑多少千米，Aodi 能跑多少千米。

在本案例中，实现的异常处理功能是：如果程序判断用户输入的不是有效数字，那么程序转到容错语句，输出提示信息。

测试结果如图 11.18 所示。

11.18   输入一个正常数字程序显示的内容

如果用户输入的是一个不正常的数字，例如 12.2.2，那么程序会输出错误信息，并退出。（图 11.19）

图 11.19   输入非正常数字程序显示内容

如果用户输入的是一个字符串，例如 abc，a 等等，那么程序同样会输出错误信息，并退出。（图 11.20）

图 11.20   输入非数字程序显示内容

11.10   限定符

成员变量或方法按照它们定义的访问级别可做如下划分。

（1）Public：公有成员变量或方法。

（2）Protected：受保护成员变量或方法。

（3）没有限定符：默认成员变量或方法。

（4）Private：私有成员变量或方法。

各种访问修饰符的访问范围如表 11.1 所示。

表 11.1　对某个类的成员是否有访问权表

范围＼成员限定符	public	protected	没有限定符（默认）	private
类内部	√	√	√	√
包内部	√	√	√	⊗
包外子类	√	√	⊗	⊗
包外非子类	√	⊗	⊗	⊗

注：表中的 "√" 表示可以访问，"⊗" 表示不可访问。

在本程序中，主要定义了三个类，分别是交通工具类 Vehicle，汽车类 Car，奥迪车类 Aodi。

Vehicle 类定义了一个 useOil 方法，它的修饰符是系统默认的，系统默认的修饰符为空，同时定义了一个 protected 的变量 Wheels。因为是默认访问的，所以我们直接可以用 Car 类中通过 super 方法直接调用。（图 11.21）

```
1  abstract class Vehicle
2  {
3      protected int Wheels;
4      void useOil()
5      {
6          System.out.println("定义我是为了报告油耗");
7      }
8  }
```

图 11.21　默认访问权限的方法

Car 类中，定义了私有成员变量 superCarThing，它只能在自己类中被访问，甚至连自己的子类也不能访问这个私有变量。并在 Car 的构造方法 Car（）中对它们进行了初始化。（图 11.22）

```
1  class Car extends Vehicle
2  {
3      private int superCarThing;
4      Car()
5      {
6          Wheels = 4;
7          superCarThing = 5;
8      }
9  }
```

图 11.22　测试修饰限制符

在抽象类 Vehicle 中定义的 protected 变量可以在包外子类中通过继承访问，显然也可以在同一个包中被子类访问。所以我们在 Car 的构造方法中直接给 Wheels 赋值。

本案例的完整代码由如下五部分组成。

第 1 部分：定义一个接口

```java
// 引入相关输入输出类包
import java.io.*;


// 定义接口 洒水
interface Itank_car
{
    // 接口中定义的属性一定是 static final 的，但是一般不定义成员。
    void watering();  // 接口中定义的洒水方法
```

第 2 部分：定义一个抽象类

```java
// 定义抽象的交通工具类
abstract class vehicle
{
    // 抽象类中定义的属性没有什么特殊要求
    // 抽象类中定义的方法可是是抽象的，也可以是非抽象的。
    protected int Wheels;
    abstract void drive();
    void start()
    {
        System.out.println(" 我要开动了！ ");
    }
    void useOil()
    {
        System.out.println(" 定义我是为了报告油耗 ");
    }
}
```

第 3 部分：定义一个父类

```java
// 定义一个父类 ---- 汽车类
class Car extends vehicle
{
    // 定义私有变量
    private int superCarThing;

    // 定义构造函数
    Car()
    {
        Wheels = 4;
```

```
            superCarThing = 5;
            System.out.println(" 汽车父类的构造函数 ");
            System.out.println(" 父类的私有变量只能在本身类中访问。");
            System.out.println(" 私有变量: superCarThing="+ superCar-
Thing);
        }

        // 定义获取私有变量的方法
        public int getSuperCarThing()
        {
            return superCarThing;
        }
        public int getWheels()
        {
            return Wheels;
        }

        // 重写
        void drive()
        {
            System.out.println(" 汽车父类的开车方法 ");
        }

        //drive 的重载
        void drive(int speed)
        {
            System.out.println(" 汽车的速度是 " + speed + " 迈 ");
        }

        // 定义一个内部类
        class Inner
        {
            void display()
            {
                System.out.println(" 汽车父类里面的内部类 ");
            }
        }
```

```java
// 使用内部类
void testInner()
{
        Inner in=new Inner();
        in.display();
}


// 给出油量，返回能跑的公里数，单位为升
String report(float oilNumber)
{
        String s=oilNumber +"升油能跑 "+ oilNumber*20 +"公里 ";
        return s;
}


// 重写，为多态做准备
void useOil()
{
        System.out.println("定义我是为了报告汽车父类油耗 ");
}

}
```

第 4 部分: 定义一个子类

```java
// 定义一个子类 ---- 奥迪车类
class aodi extends Car implements Itank_car  // 子类继承了父类，实现接口
{
    // 子类自己的构造函数
    aodi()
    {
        // 就是不显示写 super()，这里也隐含调用父类的构造函数。
        System.out.println("奥迪汽车的构造函数 ");
    }


    // 重写
    void drive()
    {
        System.out.println("奥迪车的开车方法 ");
```

```
        }

        // 子类自己的也就是奥迪车自己的百公里耗油量
        String report(float oilNumber)
        {
                String s=" 奥迪车 "+oilNumber +" 升油能跑 "+ oilNumber*30
+" 公里 ";
                return s;
        }

        // 实现接口的洒水方法
        public void watering()
        {
                System.out.println(" 奥迪车也能洒水 ");
        }

        // 子类奥迪车所特有的 other 方法
        void other()
        {
                System.out.println(" 我是奥迪车 ");
                System.out.println(" 子类可以使用父类的 public/protected 修
饰的变量 " + super.getSuperCarThing());
                // 子类不可以使用父类中 private 的变量
                //System.out.println(" 子类不可以使用的变量 " + super.
superCarThing);
        }

        // 重写，为多态做准备
        void useOil()
        {
                System.out.println(" 定义我是为了报告奥迪车油耗 ");
        }
}
```

第 5 部分：包含 main 方法的类

```
// 定义一个测试类
class Test
{
```

```java
// 多态
void testDd(vehicle v)
{
    v.useOil();
}

public static void main(String args[]) throws IOException
{
    // 这里用了一下转义字符 \n，意思是换行
    System.out.println("------------- 下面输出一下概念相关的东西------------------\n");

    // 定义父类对象
    Car sCar=new Car();

    // 定义子类对象
    aodi ad=new aodi();

    // 多态的使用，父类的一个引用指向了一个子类的对象
    Car sC=new aodi();

    // 子类调用父类方法
    sCar.start();
    // 重载的多态
    sCar.drive(200);
    sCar.drive();
    // 内部类的测试
    sCar.testInner();

    // 只能在父类本身中可以使用自己的私有变量，其他地方，就是父类自己调用都不可以使用。
    //System.out.println(sCar.superCarThing);

    // 这里的奥迪车调用的是自己的开车方法
    ad.drive();
    ad.other();
    ad.watering();
```

```
// 调用父类方法
ad.start();
```

// 如果 sC 调用 other 方法，是会出错的。因为 sC 是父类的一个引用，
而父类中没有 other 方法。

```
//sC.other();
sC.drive(300);
sC.drive();
```

// 测试多态性

```
Test t=new Test();
Car cc=new Car();
aodi a=new aodi();
t.testDd(cc);
t.testDd(a);
```

```
System.out.println("\n---------- 下面练习一下命令行参数的
使用 ---------------\n");
```

// 命令行参数的使用

// 定义输入输出类

```
BufferedReader  br=new  BufferedReader(new
InputStreamReader(System.in));
boolean b=true;
```

```
try
{
        System.out.println("\n 请输入一个油量：\n");
        String s=br.readLine();
```

```
        // 判断输入的油量是否为纯数字
        // 类型转化为 int 类型。
        float i=Float.parseFloat(s);
        // 定义一个汽车父类
        if(i<0)
```

```
                    {
                            System.out.println("\n不能输入负数吧!
\n");
                    }
                    else
                    {
                            Car c=new Car();
                            System.out.println(c.report(i));

                            // 定义一个奥迪车类
                            aodi add=new aodi();
                            System.out.println(add.report(i));
                            b=false;

                    }
            }
        catch(Exception e)
        {
                System.out.println(" 出错啦! ");
                System.out.println("\n只能输入数字。\n");
        }
    }
}
```

参考文献

[1]托马斯，陈伟柱，陶文．单元测试之道 Java 版：使用 JUnit[M]．北京：电子工业出版社，2005.

[2]布鲁斯，陈昊鹏．JAVA 编程思想 [M]．4 版．北京：机械工业出版社，2007.

[3]韦里曼，Head First 设计模式 [M]．中文版．北京：中国电力出版社，2007.

[4]周志明．深入理解 Java 虚拟机：JVM 高级特性与最佳实践 [M]．2 版．北京：机械工业出版社，2013.

[5]本杰明，马基思，Java 程序员修炼之道 [M]．北京：人民邮电出版社，2013.

[6]亨特，约翰．Java 性能优化权威指南 [M]．柳飞，陆明刚，译．北京：人民邮电出版社，2014.

[7]珍兆科，纳瓦罗，哈泽，等．Java EE 7 权威指南：卷 2[M]．5 版．苏金国，江健，译．北京：机械工业出版社，2015.

[8]林霍尔姆，耶林，布拉查，等．Java 虚拟机规范 [M]．8 版．爱飞翔，周志明，译．北京：机械工业出版社，2015.

[9]方腾飞，魏鹏，程晓明．Java 并发编程的艺术 [M]．北京：机械工业出版社，2015.

[10]克里斯．Java 性能权威指南 [M]．柳飞，陆明刚，臧秀涛，译．北京：人民邮电出版社，2016.

[11]维斯．数据结构与算法分析：Java 语言描述 [M]．3 版．陈越，译．北京：机械工业出版社，2016.

[12]霍斯特曼．Java 核心技术卷 I：基础知识 [M]．10 版．周立新，陈波，叶乃文，等译．北京：机械工业出版社，2008.

[13]唐尼，克里斯，梅菲尔德．Java 编程思维 [M]．袁国忠，译．北京：人民邮电出版社，2016.

[14]黄文海．Java 多线程编程实战指南（核心篇）[M]．北京：电子工业出版社，2017.

[15]马俊昌．Java 编程的逻辑 [M]．北京：机械工业出版社，2018.

[16]杨冠宝．阿里巴巴 Java 开发手册 [M]．北京：电子工业出版社，2018.

[17]霍斯特曼．Java 程序设计概念：对象先行 [M]．8 版．林琪，肖斌，译．北京：机

械工业出版社，2018.

[18]唐尼. 数据结构与算法 Java 语言描述 [M]. 李新叶，李楠楠，译. 北京：中国电力出版社，2018.

[19]梁勇. Java 语言程序设计与数据结构 [M]. 11 版. 戴开宇，译. 北京：机械工业出版社，2018.

[20]约书亚，布洛赫. Effective Java 中文版 [M]. 3 版. 俞黎敏，译. 北京：电子工业出版社，2019.